ORGANIC FARMING

有機農業

～これまで・これから～

小口 広太

創森社

有機農業の現在地と可能性～序に代えて～

有機農業は、多くの人が知る言葉になった。オーガニックと表現すれば、若い世代からの関心も高い。ただし、有機農業という言葉は知っていても、その意味、歴史、現状と課題などを理解している人はほとんどいないのではないだろうか。「農薬を使っていない農業」「安全な食べものをつくる農業」が一般的な理解だろう。

サブタイトルに「これまで・これから」と付けたのも、有機農業という言葉が持つ意味と可能性を歴史と現状を踏まえながら読者のみなさんと共有したいからである。そして、2021年5月に農林水産省が策定した「みどりの食料システム戦略」も本書を執筆した動機になっている。1％に満たない有機農業の実施面積を25％（100万ha）にする壮大な目標が掲げられた。

2022年度からは関連する施策も本格的にスタートしたが、法制度を整備すれば現状が大きく変わるのかといえばそう単純な話ではない。自然農法の実践も含めると、有機農業には80年以上の積み重ねがあるものの、その普及と理解が進まない現状を見るかぎり、目標達成が容易でないことは想像に難くない。

有機農業は、転換期を迎えている。今後、生産者だけではなく、消費者、自治体、JA（農協）、研究機関など幅広い層から関心を向けられるなか、改めて有機農業の歴史を振り返りながら、現状と課題を理解し、今後を展望することが必要ではないだろうか。

有機農業の取り組みは、四つの持続性を重視している。一つ目は、生産の持続性で「持続可能な農業」としての有機農業である。二つ目は、仕組みの持続性で「食と農のつながり」である。有機農業は生産者と消費者の支え合いを重視し、社会的な広がりをつくってきた。三つ目は、消費の持続性で食生活の見直し、現代的に捉えると「食の倫理」「エシカル（倫理的）消費」が問われている。これら三つの持続性を包摂する形で、四つ目としてこれからは地域の持続性がより大切になる。本書はこのような視点に立ち、全8章で構成している。

まず、第1章「有機農業とは何か」では、有機農業という言葉の意味、定義、技術的な領域を整理する。有機農業については様々な見方、捉え方があり、共通認識があるわけではない。これまでの議論を踏まえながら、持続可能な農業としての有機農業の姿を確認する。

第2章「有機農業の進捗をめぐって」では、有機農業に関する政策動向に焦点を当てる。有機農業政策の本格的な展開は、２００６年12月に成立した有機農業推進法以降のことである。その前後の動きとともに、みどりの食料システム戦略が策定された背景、課題と可能性を考える。

続く第3章と第4章は、食と農のつながりについてである。第3章「有機農業の源流と自給・提携」では、有機農業の取り組みが始まった歴史的経緯を踏まえ、有機農業運動が目指した世界について検討する。農業の近代化に対するアンチテーゼとして始まった有機農業運動の理念と方向性、さらに有機農業の社会的広がりをつくってきた生産者と消費者による提携の意義を共有する。第4章「提携の揺らぎと関係性への模索」では、提携以外にも有機農産物の流通が多様化していく動向をおさえ、優位性を失った提携の現状と課題について見ていく。ここでは、耕す市民を生んだ自給農場運動、消費者との一体的な関係性を重視するＣＳＡ（Community Supported

Agriculture）を取り上げ、提携の可能性とこれからの消費者のあり方を検討する。

次に第5章「有機農業の担い手を育てる」では、慣行農業から有機農業への転換参入、有機農業と親和性が高い独立就農という担い手の動向について整理する。独立就農者を育てるサポートシステムに焦点を当てながら、有機農業の担い手をどのように育てていけるか考える。

そして、第6章と第7章「有機農業が地域を動かす」は、地域で有機農業を広げていくプロセスについて検討する。第6章では、有機農業の地域的展開に関する動向を整理した上で、その先進地として知られる埼玉県小川町を事例として取り上げる。第7章では、近年、関心が高まっている学校給食の有機化について各地の取り組みを紹介し、2019年から活動が始まった比較的新しい動きとして長野県松川町を事例として取り上げる。

最後に第8章「有機農業は広がるか」では、第1章～第7章の内容を総括し、有機農業の可能性について展望する。ここでは、「広義の有機農業」「仲間づくり」「ローカル・フードシステム」「まちづくり」「体験」というキーワードをもとに、これから有機農業をどのように広げていけるか具体的な方向性を提示する。

有機農業をめぐっては、本書で扱うことができなかったテーマもまだまだある。紙幅の都合などもあり、全てにアプローチしたり、深掘りしたりすることができていないかもしれないが、それでも本書が有機農業の現在地と全容、内実の理解に少しでもつながり、その可能性を考えるきっかけになることを願っている。

２０２３年　8月

小口　広太

有機農業〜これまで・これから〜――もくじ

第3章 ORGANIC FARMING 有機農業の源流と自給・提携 43

第4章 ORGANIC FARMING 提携の揺らぎと関係性への模索 77

第5章 ORGANIC FARMING 有機農業の担い手を育てる 99

第6章 ORGANIC FARMING 有機農業が地域を動かす① 地域に広がる有機農業 125

第7章 ORGANIC FARMING 有機農業が地域を動かす② 学校給食の有機化 155

第8章
ORGANIC FARMING
有機農業は広がるか

• M E M O •

◆年号は西暦の使用を基本とし、必要に応じて和暦を併用しています

◆登場する方々の所属、肩書は当時のままのものが多く、敬称は略させていただいています

◆市町村名、JA（農協）名は合併前の当時のままとし、必要に応じて合併後の市町村名、JA名を加えています

◆法律・施策、組織名は初出の際にフルネームで示し、以降は略称にしている場合があります

◆図表の多くは著者の作成によりますが、資料などから引用、改変している場合は出所を明らかにしています

◆本文中の引用文、引用語句は、原則として原文のままとしています

◆巻末に有機農業インフォメーション（本書内容関連）、および人名・組織名のさくいんを設けています

取れたて有機野菜（神奈川県横浜市）

第1章

有機農業とは何か

ORGANIC FARMING

有機農業という言葉の意味とルーツ

有機農業の名付け親は、次章および第3章で紹介する日本有機農業研究会を創設した一樂照雄（1906－1994年）である。協同組合運動に携わってきた一樂が、1971年4月に日本酪農の父と称される黒澤酉蔵《とりぞう》（1885－1982年）のもとを訪ねたのが一つのきっかけになっている。

一樂は、黒澤が創立した「野幌《のっぽろ》機農学校」（現・酪農学園大学）にある「機」に注目し、その意味合いを尋ねると、「『天地、機有り』と漢書にある」「機とは、天地経綸というか、大自然の運行のこと。一つの法則が宇宙万物の間にはある。これが本当にわかっていなければ農民にはなれない。……透徹すれば、自然にわかる」と答えたという(1)。

黒澤は、足尾銅山鉱毒反対運動の指導者である田中正造（1841－1913年）を師と仰ぎ、「天地機有り」は田中の教えだったと言われている。田中のもとで4年間手伝いをしていた黒澤が北海道に渡った際、田中の日記を預かり、その中に天地機有りの元になった「天地有正気」で始まる中国の「正気歌」という漢詩が書き写されていたという。黒澤は、この「天地有正気」という一節をもとに、「天地有機」にしたと推測される。有機農業のルーツは、一樂から黒澤へ、そして田中へと遡ることができる(2)。

天地有機の意味を確認すると、「天地」は自然、「機」はしくみやからくり、であることから、「自然のしくみがある」と言い表すことができる。そのため、有機農業は「自然のしくみを生かす」という意味になり、それが原点になる。

また、アメリカの有機農業運動も一樂に影響を与えていた(3)。その原点は、植物病理・微生物学者のアルバート・ハワード（1873－1947年、イギリス）に遡る。ハワードは、1940年に『農業聖典』（保田茂翻訳、魚住道郎解説、日本有機農業研究会発行、コモンズ発売、２００３年）を発表し、地力の維持、有機物の土壌還元の重要性を主張した。ハワードの教えは、『農業聖典』に影響を受けたJ．I．ロデイル（１８９８－１９７１年）に引き継がれ、ロデイル農場およびロデイル・プレス社を創設した。これがアメリカにおける有機農業運動の源流である。

ロデイルが１９４５年に発表した『Pay Dirt』は、黒澤が『黄金の土』（赤堀香苗訳、１９５０年）というタイトルで酪農学園通信教育出版部から発行し、その後、一樂が『有機農法：自然循環とよみがえる生命』（農山漁村文化協会、１９７４年）として再度翻訳した。

一樂は、黒澤から受け取った「天地有機」と、アメリカの有機農業運動における「Organic Gardening and Farming」、化学肥料や農薬の使用に依存する近代農業への自己反省および批判の意味を込め、「有機農業」という言葉を世に送り出した。つまり、農業の近代化のあり方を根底的に批判し、「本来あるべき農業」を追求したのである。

一樂が目指した有機農業は、「自然の循環が基本であり、その法則に沿って自然の運行を人間が手助けする」[4]という考え方である。有機農家も、有機農業という言葉と向き合い、その意味、世界観を広げている。例えば、星寛治（山形県高畠町の有機農家）は有機農業を「自然の生命力を発現する方法」[5]、舘野廣幸（栃木県野木町の有機農家）は「機」という言葉の語源は「いのちのしくみ」で、「有機」とは「いのちのしくみのあること」という意味になり、有機農業を「いのちのしくみによる農業」、「いのちの働きによっていのちを生み出す農業」と表現している。[6]

有機農業という言葉をめぐって

有機農業の本来的な意味は摑めたが、その定義ということになると難しくなる。一樂は、試行錯誤のすえに有機農業研究会（現・日本有機農業研究会）という名称を付けた。ところが結成趣意書や規約を見ても、どこにも有機農業という言葉は出てこない。一樂は、農業技術的に有機農業を定義し、その農法を研究し宣伝する単純なことを機械的に推進しようとしたのではなく、農薬と化学肥料を使用しない農業というだけの単純な解釈にとどまっていると、社会における様々な矛盾を看過することになってしまうと考えていた。(7)

言葉の単純な解釈への懸念

現在も、生産者側から見れば、農薬と化学肥料を使用しない農業、消費者側から見れば、安全な農産物を生産する農業という理解が一般的である。こうした単純な理解が有機農業の普及を妨げている一因でもあり、一樂が懸念していたことではないだろうか。この点については、いくつかの指摘がある。

科学農法の一部ではないか

有機農業研究会の設立前、一樂から相談を受けた自然農法の実践者である福岡正信（1913－2008年）は、一抹の不安、危惧を持ったとし、次のように述べている。

「有機農法は、聞いた範囲内では、西洋哲学の考えに出発し、科学農法の一部にすぎないのではないか、と。科学農法と次元が同じである、と。もちろん、結果的に見て、実践していることがそのものが、昔の堆肥農業と変わらないということは、科学的農法の一部と見られやすい。（中略）

ただ単に、有機物をやればいい、家畜を飼えばいい、そして、それらの三者が一体になったような農業というのが、一番いい農法である、という程度の考え方にとどまるのであるとすれば、この有機農法というものは、自然農法というものの主旨は維持できないのではないか。時がくれば流されてしまう科学的な次元の一農法にしかすぎないのではないかと思ったわけなんです(8)」

人間の科学が不完全で不要であることを自然農法で証明しようとした福岡は、有機農業の根底にある考え方に少し物足りなさを感じていたという。

何か特別な農業なのか

農民作家の山下惣一（１９３６－２０２２年、佐賀県唐津市）は、有機農業という言葉が持つ「差別性」に言及している。山下によると、「有機農業だから安全だ」という主張には、言外に「それ以外の農産物は安全ではない」というメッセージが込められており、有機農業以外の農業は「危険だ」と同一視されてしまうこと、さらに有機農業が普通の農業とは違った何か特別な農業になってしまった印象を受け、このことは有機農業にとっても、それ以外の農業にとっても不幸なことであると指摘している。[9]

一樂照雄（左）が福岡正信（左から３人目）と久しぶりの対面。1991 年（『一樂照雄伝』一樂照雄伝刊行会）

山下惣一（2020 年、温州みかんの収穫）

ちなみに山下は星寛治をはじめとする有機農家との親交も多く、有機農業の理念や思想に共鳴しつつ、それに「仲間入りできなかった立場から期待したいこと」として、「農業の効率化、規模拡大という現下のこの国の農政の『構造改革路線』へのアンチテーゼ」、「食べものの『命』について探究」、「オルタナティブの世をつくり直す有機的結合の『核』としての『有機農業』」の３点を挙げている。[10] いずれも有機農業運動が目指したビジョンと重なるものであろう。

表示の氾濫と定義を求める声

１９８０年代後半以降、有機農産物が市場流通化し、食の安全を重視した付加価値のある農産物として扱われるようになった。有機農産物を取り扱う事業主体も複雑化するなか、「有機栽培」「減農薬」「低農薬」「微生物農法」などの表示とまがいものが氾濫する事態となり、流通関係者、消費者側から有機農業、有機農産物という言葉の定義を求める声が次第に強くなった。

有機農産物の定義

日本有機農業研究会は、こうした状況に対応するため、1988年に次のような有機農産物の定義を発表した。

「有機農産物とは、生産から消費までの過程を通じて化学肥料、農薬等の人工的な化学物質や生物薬剤、放射性物質等をまったく使用せず、その地域の資源を出来るだけ活用し、自然が本来有する生産力を尊重する方法で生産されたものをいう」

これは有機農法とそれによって栽培された有機農産物の定義である。前半部分は有機農業の最も基本的な理解で、後半部分の「自然が本来有する生産力を尊重する」という文章は、自然の仕組みを生かすという有機の意味を的確に捉えている。

有機農業推進法での定義

2006年12月に成立した有機農業推進法では、有機農業を次のように定義している。

「『有機農業』とは、化学的に合成された肥料及び農薬を使用しないこと並びに遺伝子組み換え技術を利用しないことを基本として、農業生産に由来する環境負荷をできるかぎり低減した農業生産の方法を用いて行われる農業をいう」

これも同様に、農法の定義にとどまっているが、注目すべきは「農薬、化学肥料、遺伝子組み換え種苗を使用しない」という有機JAS認証制度にもとづく「有機農産物」の表示が可能な取り組みに限定するのではなく、環境への負荷をできるかぎり低減する生産方法であることが定義に付け加えられ、その対象を広く捉えている。

第3条では、基本理念を定めており、その中で、有機農業は農業の「自然循環機能を大きく増進」させるとしている。これは、前述した日本有機農業研究会の「自然が本来有する生産力を尊重する」という文章を「自然が有する物質循環機能を尊重し、それを最大限発揮する営みである」とより具体化した形で表現している。

ただし、一楽が懸念していたとおり、こうした農法の定義により、有機農業が単に農薬や化学肥料を使用しないという狭い意味で捉えられてしまい、自然が本来有する生産力を尊重した農法から生まれ、創造される多様な価値や現代社会が抱えている社会的矛盾にまでその意味は行き届いていない。

自然と人間の関係性を豊かにする有機農業

生命循環の原理を位置付ける

有機農業研究を牽引してきた農業経済学を専門にする保田茂（神戸大学助手、現・名誉教授）は、有機農業とは「近代農業が内在する環境・生命破壊促進的性格を止揚し、土地－作物（－家畜）－人間の関係における物質循環と生命循環の原理に立脚しつつ、生産力を維持しようとする農業の総称[11]」と定義している。地力を維持する物質循環の原理とともに、自然と人間の共存と相互依存である生命循環の原理を位置付けている点に特徴がある。

国際有機農業運動連盟の定義

また、国際有機農業運動連盟（ＩＦＯＡＭ[12]）は、２００８年の総会で有機農業の定義を次のように定めている。

「有機農業は、土壌・自然生態系・人々の健康を持続させる農業生産システムである。それは、地域の自然生態系の営み、生物多様性と循環に根ざすものであり、これに悪影響を及ぼす投入物の使用を避けて行われる。有機農業は、伝統と革新と科学を結び付け、自然循環と共生してその恵みを分かち合い、そして、関係するすべての生物と人間の間に公正な関係を築くと共に生命（いのち）・生活（くらし）の質を高める」

園芸学、食農教育論を専門にし、国際的な有機農業運動の動向にも詳しい澤登早苗（恵泉女学園大学教授）は、この定義について「有機農業者が大切にしてきた有機農業の理念と、それを実現するための農法の両面に関して触れられており、真に持続可能な社会の実現を目指す有機農業の定義として、現時点での到達点を示したもの[13]」と評価している。

このIFOAMの定義は、有機農業という言葉が持つ本来の意味を捉え、一樂が有機農業という言葉をつうじて投げかけた本来あるべき農業の姿、有機農業が社会に果たす役割について表現している。

「持続可能な農業」としての有機農業

自然循環、自然共生の追求

人間にとって必要不可欠な食べものを生み出す農業は、豊かな土壌を育む森林を伐採し、物質循環を停止することによって成り立つ極めて脆弱な営みである。

耕起による裸地化は、雨や風の土壌侵食の影響を大きく受けやすく、外部資材に依存する多投入型の工業的な農業技術の浸透は、土壌侵食をさらに促す結果をもたらした。とりわけ、森林や水系から切り離された畑地では、地力維持の困難性が増す。つまり、農業の持続可能性は、これまで森林が蓄積してきた地力を消耗していく土壌劣化のプロセスにおいて、人間の手で再び物質循環をつくり、地力を回復していくことが最大の条件になる。

有機農業という言葉の意味を見てもわかるとおり、有機農業は単に農薬と化学肥料を使用しないという個別技術の意味にとどまらない。ましてや、有機物の投入を意味するものでもない。

有機農業とは、農業の近代化によって失われた「循環」や「多様性」といった農業と自然との関係性を修復していくプロセスのなかで、自然の条件と力を農業に生かすことにより、植物が植物自身の生命力で健康的に生きていくことをサポートする取り組みである。

　このように考えると、有機農業は差別性を伴う農業ではなく、特別な農業でもない。農業が持続しなければならないことを前提に考えれば、持続可能な農業としての有機農業の姿が見えてくるだろう。一樂もまた有機農業という言葉をつうじて、自然循環にもとづく農業の持続可能性と向き合っていたのである。

　総合農学を専門にする中島紀一《きいち》（茨城大学教授、現・名誉教授）は、有機農業技術の基本的な展開方向が「自然共生」の追求であり、その具体的な実践として「低投入」、「内部循環」を打ち出している。つまり、自然から離脱し、不安定な近代農業技術とは異なり、生態系を豊かに育み、その仕組みを生かすことをつうじて自然と共生する有機農業技術の展開方向を示している(14)。

有機農業技術のステージと展開

　地中は、堆肥や肥料をしっかりと施し、微生物の食べものを与えて棲みかをつくりながらその働きを積極的に活用する。地表はできるかぎり裸地にしないよう有機物マルチで覆い、地上は多品目栽培や輪作などをつうじて病害虫の被害を抑える。つまり、自然共生とは、自然の仕組みを理解し、それにならいながら地中、地表、地上に生物と植物の多様な生命の世界をつくることを指す。

　例えば、身近な有機物の活用は、有機農業技術の基本になる。落ち葉、おがくず、剪定枝や生ごみ、草などの有機物は貴重な地域資源と言い換えてもよいだろう。

　このように、農薬や化学肥料など外部の資材に依存する「多投入型」の技術から圃場内にある収穫物以外の有機物は積極的に戻し、地域にある有機物はしっかりと循環させることを心掛け、なるべく余計な物質を外から持ち込まない「低投入型」の技術への展開として多くの示唆を与えてくれる。

　次頁の**図表1－1**は、農業技術の展開方向である。これまでの内容を踏まえると、農業技術はプロセスであり、その積み重ねによってステージが変化

図表1－1　農業技術の展開方向

	慣行農業	移行期有機農業	安定期有機農業	成熟期有機農業
土づくり	化学肥料 購入有機質資材	購入有機質資材 動物質	植物質 地域資源の活用	原則は植物質 (無～少) 圃場内循環
投入度合い	多投入	多投入	低投入	さらに低投入
雑草	徹底除草	徹底除草	適宜除草 草生活用 刈り敷き	除草と無除草の 使い分け 草生活用 刈り敷き
耕起	耕起する	耕起する	耕起する 部分的不耕起	耕起・不耕起の 使い分け
生物多様性	あまり 意識しない	あまり 意識しない	意識する	強く意識する

資料：涌井義郎（2016）「有機農業における土づくり技術の基本」『秀明自然農法ブックレット』第4号、p.2 および現地調査などを参考に筆者作成

する。つまり、持続可能な農業に向かって慣行農業から有機農業への転換、その後購入有機質資材や動物質に依存する「移行期」、地域資源や植物質を積極的に活用する「安定期」を経て、土壌と生態系が形成されると「成熟期」の領域に近づいていくというプロセスである。

したがって、「有機栽培か、慣行栽培か」、「有機栽培か、自然農か」という対立軸は存在せず、それらは一つの線上にあり、持続可能な農業に向けて自然とともに歩む本来の農業のあり方と農業者の姿が描けるのではないだろうか。

成熟期有機農業の多彩な姿

成熟期有機農業には、多彩な農法が存在する。いずれも共通するのは、農地の生態系を豊かにし、生物多様性を強く意識する点にある。多くの農家は、自らの経営スタイル、考え方に沿ってオリジナルな

技術体系を構築しているのが実情であろう。

福岡正信の自然農法は、無農薬・無肥料・不耕起・無除草という四つの「無」にもとづく原則のもと、播種と収穫以外の人間の関与を排除し、より自然な状態の維持を基本にする(15)。

福岡の実践は農法における一つの極に位置付けられるが、自然農法にも様々なルーツと解釈があり、無農薬と無肥料栽培を基本に耕起、ないしは不耕起との使い分けなどが見られる。自然栽培も耕起は否定しないが、ビニールマルチの使用もあり、その実践形態は幅広い(16)。

ここでは、成熟期有機農業の大きな特徴である不耕起に焦点を当ててみたい。

川口由一（１９３９–２０２３年、奈良県桜井市）の自然農は、福岡の自然農法を引き継ぎながら、耕さず、肥料は施さず、農薬・除草剤は用いず、草や虫を敵としないことが特徴である(17)。その中でも、「耕さないこと」を最も大事にしている。

有機農業技術の研究と指導に取り組む涌井義郎（ＮＰＯ法人あしたを拓く有機農業塾代表理事、茨城県笠間市）は、不耕起栽培のポイントとして「自然のしくみを活かす」ことを挙げている(18)。

自然界の土づくりの営みである遷移の最終段階として最も安定した森林土壌の物質循環にならい、地表を裸地にせず、常に草や落ち葉、枯れ草、緑肥など有機物でマルチする。そうすることによって植物の根、土壌動物、土壌微生物の力で、表層から土がだんだん良くなり、腐植と団粒構造が発達し、地力の基盤がつくり出される。さらに、植物の無数の根

収穫したインゲンを手にする川口由一

ダイコン、ハクサイ、ミズナの生育（自然農で栽培）

が土中に張りめぐり、やがて枯れるとスポンジのような根穴構造がつくられ、排水性と通気性に優れた土壌になる。次に生える植物の根、根穴を快適な棲みかにする土壌微生物やミミズなど小動物が根穴を発達させて、表層から土がだんだん耕されるという構造である。

涌井は、野菜の不耕起栽培について示したが、稲作では岩澤信夫（1932－2012年、千葉県香取市）が不耕起移植栽培の研究に尽力した。岩澤は、自然農法の福岡の著書から影響を受けて不耕起の研究を始めた。その後、日本不耕起栽培普及会を設立し、冬期湛水と不耕起移植栽培を組み合わせて水田の生態系を豊かにする自然耕、生物資源型農業の普及を進めた。[19]

岩澤信夫。不耕起の実りの稲穂を手に

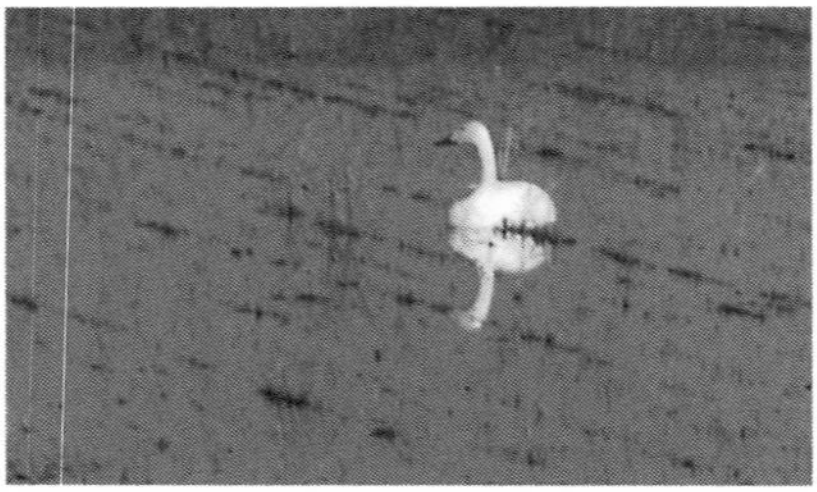

冬期湛水田。コハクチョウが飛来する

また、果樹では木村秋則（青森県弘前市）が、1978年頃から10年ほどかけて無農薬・無肥料のリンゴ栽培を実現した。これを、木村は単に農薬、肥料を使わないだけの農業ではなく、自然に寄り添いながら土壌環境を良好にし、作物を健全に生長させる自然栽培とし、稲作や野菜などについての栽培法も打ち出している。

近年は、保全農業、環境再生型農業も注目を集めている。保全農業（Conservation agriculture）は、不耕起・省耕起、有機物による土壌の被覆、輪作の三つを同時に実行する点が重要である。[20] 環境再生型農業（Regenerative agriculture）は、具体的な手法として不耕起栽培、複雑な被覆作物（カバークロップ）、有畜農業、作物の多様化などが挙げられるという。[21] 保全農業や環境再生型農業は、成熟期有機農業の姿を示していると言えるだろう。

〈注釈〉

（１）日本有機農業研究会ホームページ「【待望の復刊】『暗夜に種を播く如く』」(https://www.1971joaa.org/%E5%87%BA%E7%89%88%E7%89%A9-%E5%9C%9F%E3%81%A8%E5%81%A5%E5%BA%B7-%E6%9B%B8%E7%B1%8D-dvd/%E6%9B%B8%E7%B1%8D/%E5%87%BA%E7%89%88%E7%89%A9%E3%83%AA%E3%82%B9%E3%83%88-%E6%9B%B8%E7%B1%8D-html/）最終閲覧日：２０２３年7月25日

（２）舘野廣幸（２００７）『有機農業・みんなの疑問』筑波書房、p.21

（３）保田茂（１９８６）『日本の有機農業：運動の展開と経済的考察』ダイヤモンド社、p.28

（４）農山漁村文化協会編集（２００９）『暗夜に種を播く如く：一樂照雄―協同組合・有機農業運動の思想と実践』協同組合経営研究所、p.65

（５）星寛治（２０００）『有機農業の力』創森社、p.13

（６）舘野廣幸（２００７）『有機農業・みんなの疑問』筑波書房、pp.24-25

（７）一樂照雄（１９８２）「十年目を迎える日本の有機農業運動」日本有機農業研究会編『いまの暮らしのいきつく果ては?』JICC 出版局、p.15

（８）福岡正信（１９８３）『自然農法　わら一本の革命』春秋社、pp.150-151

（９）山下惣一（２００８）「私が有機農業をやらない理由（わけ）：『世直し装置』としての役割を期待して」『季刊 at』12号、太田出版、pp.8-9

（10）同上、pp.14-16

（11）保田茂（１９８６）『日本の有機農業：運動の展開と経済的考察』ダイヤモンド社、p.12

（12）国際有機農業運動連盟（IFOAM：International Federation of Organic Agriculture Movements）は、１９７２年にパリ近郊で設立された国際 NGO である。現在、世界１００か国以上、約８００以上の団体が加盟し、有機農業の原理にもとづいた生態学的、社会的、経済的に健全なシステムの世界的な導入を目指している。IFOAM ジャパンのホームページ（http://ifoam-japan.org/ifoam%e3%82%b8%e3%83%a3%e3%83%91%e3%83%b3%e3%81%a8%e3%81%af%ef%bc%9fabout/）最終閲覧日：２０２３年6月22日

（13）澤登早苗（２０１９）「定義と原則」澤登早苗・小松﨑将一編著、日本有機農業学会監修『有機農業大全：持続可能な農の技術と思想』コモンズ、p.14

（14）詳しくは、中島紀一（２０１３）『有機農業の技術とは何か：土に学び、実践者とともに』農山漁村文化協会を参照されたい。

（15）詳しくは、福岡正信（１９８３）『自然農法　わら一本の革命』春秋社を参照されたい。

（16）詳しくは、のと里山農業塾監修、粟木政明・廣和仁編（２０２２）『自然栽培の手引き：野菜・米・果物づくり』創森社、杉山修一（２０２２）『ここまでわかった自然栽

培：農薬と肥料を使わなくても育つ仕組み』農山漁村文化協会を参照されたい。

（17）詳しくは、川口由一（１９９０）『妙なる畑に立ちて』野草社を参照されたい。

（18）涌井義郎（２０１４）『土がよくなりおいしく育つ　不耕起栽培のすすめ』家の光協会、pp.15-76

（19）詳しくは、岩澤信夫（２００３、２０２３復刊）『不耕起でよみがえる』創森社を参照されたい。

（20）金子信博（２０１９）「土壌の保全」澤登早苗・小松﨑将一編著・日本有機農業学会監修『有機農業大全：持続可能な農の技術と思想』コモンズ、p.29

（21）ポール・ホーケン著・江守正多監訳・五頭美知訳（２０２２）『Regeneration リジェネレーション　再生　気候危機を今の世代で終わらせる』山と渓谷社、p.155

第2章

有機農業の進捗をめぐって

ORGANIC FARMING

日本における有機農業の現状

日本における有機農業の現状について、いくつかの統計からその動向を整理しながら把握する。

農林水産省が定期的に更新、公表している「有機農業をめぐる事情[1]」を見ると、耕地面積に対する有機農業の面積割合は、2020年時点で世界平均1・6%である。**図表2－1**のとおり、その上位はヨーロッパの国々で、イタリア：16・0%、ドイツ：10・2%、スペイン：10・0%、フランス：8・8%と高い割合を示している。

一方で、日本は0・6%と有機農業の規模は小さく、世界平均も下回っている。ヨーロッパなどと比べるとだいぶ遅れているが、有機農業の面積は2010年度：1万6700ha→2020年度：2万5200haに増加し、一歩一歩前進していることがわかる。

農林水産省の「農林業センサス」では、2020年から「有機農業の取組状況[2]」を新たな把握事項として追加した。26頁の**図表2－2**は、それをもとに有機農業の実施状況を整理したものである。

有機農業の実施面積は11万5269haで全体の3・6%、経営体数は6万9309経営体で全体の6・4%になる。地域別に見ると、実施面積は東山、近畿で全国平均の倍ほどの割合を示しているが、その他は同じような割合で、経営体数はどの地域もほとんど同じ割合を示している。

有機農業の進捗状況は、第6章と第7章で見るように一つひとつの地域を見れば突出した取り組みが出てくるが、全国的に見るとほとんど差異はなく、同じスタートラインに立っていると言える。

また、同じく26頁の**図表2－3**は有機JASと非有機JASの比較である。「有機農業をめぐる事情」では、有機JAS認証を取得していない非有機JASの面積の推計値が2020年度時点で1万1000haとなっており、有機JASの面積

図表２－１　耕地面積に対する有機農業の面積割合　（2020 年）

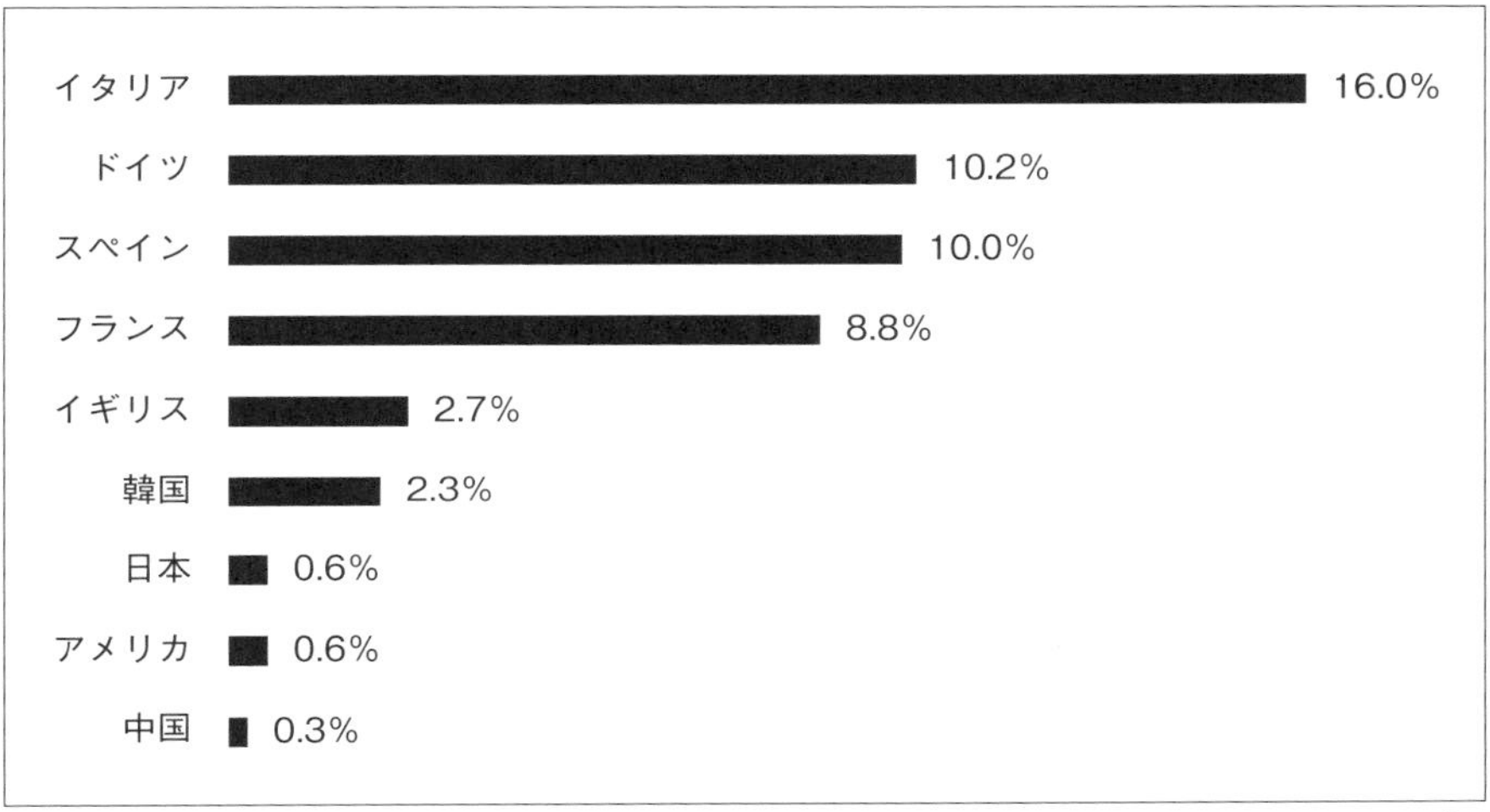

資料：FiBL&IFOAM TheWorld of Organic Agriculture statistics & Emerging trends 2022 をもとに農林水産省農業環境対策課作成
注：日本は有機 JAS 認証面積と非有機 JAS 認証面積の合計

と大きな差はなかった。ただし、２０２０年農林業センサスの結果を見ると、異なる側面が見えてくる。有機ＪＡＳの面積が含まれているとすると、10万３２４２haが非有機ＪＡＳの面積になる。有機農業の現状として、非有機ＪＡＳの面積が想定よりも大きく、大半を占めていることがわかる。有機農業の経営体数も同様の傾向である。

日本における有機農業政策の展開

有機農業推進法の成立に向けて

日本における有機農業は、自然農法の実践を含めるとすでに80年以上になり、地道な活動の積み重ねによって現在に至っている。この間の社会的な広がりについては、第３章以降で詳しく見ていく。

有機農業政策の動向を見ると、その画期は２００６年12月に成立した「有機農業の推進に関する法律

図表２－２　全国農業地域における有機農業の実施状況

（2020 年、単位：ha、経営体）

全国農業地域		耕地面積	有機農業面積	経営体数	有機農業経営体数
北海道		1,028,421	18,162（1.8%）	34,913	2,731（7.8%）
都府県		2,204,461	97,107（4.4%）	1,040,792	66,578（6.4%）
	東北	618,071	25,315（4.1%）	194,193	11,603（6.0%）
	北陸	251,006	11,806（4.7%）	76,294	5,694（7.5%）
	北関東	241,205	9,074（3.8%）	97,876	5,325（5.4%）
	南関東	141,441	6,124（4.3%）	80,315	5,883（7.3%）
	東山	76,247	5,595（7.3%）	57,747	5,145（8.9%）
	東海	151,144	6,162（4.1%）	92,650	5,189（5.6%）
	近畿	142,779	8,860（6.2%）	103,835	7,589（7.3%）
	中国	136,457	5,468（4.0%）	96,594	5,020（5.2%）
	四国	74,423	2,893（3.9%）	65,418	3,583（5.5%）
	北九州	239,635	11,091（4.6%）	113,726	8,211（7.2%）
	南九州	112,578	4,176（3.7%）	50,834	2,733（5.4%）
	沖縄	19,475	544（2.8%）	11,310	603（5.3%）
全国		3,232,882	115,269（3.6%）	1,075,705	69,309（6.4%）

資料：農林水産省「2020 年農林業センサス」より筆者作成

図表２－３　有機 JAS と非有機 JAS の比較

（2020 年、単位：ha、経営体）

耕地面積	有機農業面積	有機JAS	非有機JAS	経営体数	有機農業経営体数	有機JAS	非有機JAS
3,232,882	115,269（3.6%）	12,027（0.4%）	103,242（3.2%）	1,075,705	69,309（6.4%）	3,816（0.3%）	65,493（6.1%）

資料：農林水産省「2020 年農林業センサス」「県別有機認証事業者数」「国内における有機 JAS ほ場の面積」より筆者作成

（有機農業推進法）」である。これまで有機農業に関する法制度は、２００１年に本格的な運用がスタートした有機ＪＡＳ認証制度による有機農産物の表示規制のみであったが、有機農業推進法の成立によってようやく有機農業を振興する体制が国、自治体で整備されることになった。

この前後の動きを整理しておく。有機農業の推進や振興を目的とした法整備の動きは、２０００年代以降に盛り上がりを見せたが、同時期に新たな有機農業運動が全国規模で展開し、その力が有機農業推進法の成立に大きな影響を与えた。

全国的な連携・組織化を図る

２００５年6月、「農を変えたい！全国運動」が恒常的な運動体として組織された。そこでは「自然環境の保全」「有機農業」「食料自給」「地産地消」「後継者育成」という日本農業の未来を創造していくビジョンが示され、「自給を高め、環境を守り育てる日本農業の再構築」に向けた取り組みを始めた。[3]

農を変えたい！全国運動の呼びかけを受けて、２００６年8月に有機農業関係者の全国的な連携・組織化を図る「全国有機農業団体協議会」（２００７年3月、全国有機農業推進協議会と改称、ＮＰＯ法人化）、有機農業の技術確立とその普及啓発に取り組む「有機農業技術会議」（２００７年9月にＮＰＯ法人化）が設立された。

この中でも、全国有機農業推進協議会は、有機農業の関連団体だけではなく、これまでほとんど横のつながりがなかった大地を守る会など流通関係団体、ＮＰＯ法人秀明自然農法ネットワークなど自然農法関係団体も含めた計8団体で構成され、有機農業の政策展開に向けて取り組んだ。初代理事長は金子美登《よしのり》（霜里農場）、2代目は大和田世志人《よしと》（有限会社かごしま有機生産組合）、現在（２０２３年8月時点）は下山久信（農事組合法人さんぶ野菜ネットワーク）が務めている。

有機農業推進議員連盟による準備

有機農業運動側は、２００４年11月に超党派で結成された有機農業推進議員連盟により準備されつつあった有機農業推進法の制定を支持し、それと呼応しながら盛り上がりを見せていった（**図表2－4**）。有機農業推進議員連盟の設立趣意書には、次のように書かれている。

「我々は、人類の生命維持に不可欠な食料は、本来、自然の摂理に根ざし、健全な土と水、大気のもとで生産された安全なものでなければならないという認識に立ち、自然の物質循環を基本とする生産活動、特に有機農業を積極的に推進することが喫緊の課題と考える[4]」

近代農業が健康、食の安全、環境および生態系の破壊を伴う農業であるとの認識に立ち、日本農業の将来を物質循環を基本にした有機農業の推進に求めている。

法案作成にあたり、日本有機農業学会が大きな役割を果たした。１９９９年12月に設立された日本有機農業学会は、研究者だけではなく、生産者、流通関係者、消費者など多様な会員が集い、有機農業を多面的かつ総合的に捉えて学際的な議論を行っている[5]。

法案の取りまとめ、検討、成立

２００５年8月、日本有機農業学会が「有機農業推進法（試案）」を取りまとめ、これをもとに有機農業推進議員連盟が「有機農業推進法案政策骨子（案）」を提出した。この案に対し、日本有機農業学会、日本有機農業研究会、ＩＦＯＡＭジャパンが意見書を出し、これらの意見を受け、２００６年２月、有機農業推進議員連盟は「有機農業推進法案政策骨子（案）改訂版」を提出した。その後、同年４月の有機農業推進議員連盟の総会において「有機農業の推進に関する法律（案）」が提示された[6]。

法律の準備が着々と進むなか、前述のとおり全国運動を中心に有機農業関係者・関連団体の動きも組織化され、農林水産省との意見交換会、生産者による意見発表会などが開催された。有機農業推進議員連盟は、設立総会以降、十数回の勉強会と国内外の現場視察を行いながら検討を重ねた。その結

図表2－4　日本の有機農業の主な歩み

年	主　な　事　項
1947	福岡正信が自然農法を開始（37年に一時帰郷し、自然農法を開始）
1950	岡田茂吉が自然農法を提唱（無肥料栽培の実験は38年に開始）
1961	「農業基本法」制定
1971	「有機農業研究会」設立（76年に「日本有機農業研究会」と改称、2001年にNPO法人化）
1974	有吉佐和子の「複合汚染」が朝日新聞で連載
1975	「大地を守る市民の会」発足（76年に「大地を守る会」と改称、77年に株式会社化）
1978	日本有機農業研究会「提携10か条」発表
1987	「有機農業研究国会議員連盟」発足
	「農業白書」に初めて有機農業の取り組みが掲載
1988	日本有機農業研究会「有機農産物の定義」発表
1989	「有機農業対策室」設置（92年に「環境保全型農業対策室」と改称）
1992	「有機農産物等に係る青果物等特別表示ガイドライン」制定（96年に改定）
1994	「環境保全型農業推進の基本的な考え方」策定
1999	「食料・農業・農村基本法」制定
	「持続性の高い農業生産方式の導入の促進に関する法律」制定
	「日本有機農業学会」設立
2000	「有機農産物と有機農産物加工食品の日本農林規格（有機JAS規格）」制定
2001	有機JAS認証制度の運用が本格的に開始
2004	「有機農業推進議員連盟」設立
2005	「農を変えたい！全国運動」開始
2006	「有機農業の推進に関する法律」制定
2007	「有機農業の推進に関する基本的な方針」公表
2008	「有機農業モデルタウン事業」開始（09年11月廃止）
2014	「有機農業の推進に関する基本的な方針」改定
2020	「有機農業の推進に関する基本的な方針」改定
2021	「みどりの食料システム戦略」策定
2022	「環境と調和のとれた食料システムの確立のための環境負荷低減事業活動の促進等に関する法律」制定
	「オーガニックビレッジ事業」開始
2023	「全国オーガニック給食協議会」設立
	「オーガニック給食を全国に実現する議員連盟」設立

果、有機農業推進法が議員立法としてまとめられ、２００６年12月６日の参議院本会議、８日には衆議院本会議において全会一致で可決成立、15日に施行された。有機農業推進法は、有機農業の推進・発展を目的とした全部で15条からなる法律である。[7]

有機農業政策の動向と変容

有機農業が政治的に取り上げられたのは、１９８０年代後半である。１９８７年４月、自民党内に「有機農業研究国会議員連盟」が発足し、同年度に刊行された農林水産省の「農業白書」では有機農業が取り上げられた。そこでは、消費者ニーズに的確に対応した有機農産物の生産者価格に注目し、収益性の高い高付加価値型農業の追求という文脈において第３章で取り上げる千葉県三芳村の生産グループと東京都の「安全な食べ物をつくって食べる会」の提携が紹介された。

果菜類の受粉作業（千葉県の三芳村生産グループ）

有機野菜を集荷し、提携先へ出荷

有機農業対策室から環境保全型農業対策室へ

その後、１９８９年に農林水産省が「有機農業対策室」を設置した（１９９２年、「環境保全型農業対策室」と改称）。１９９１年度の「農業白書」では、環境保全型農業が初めて登場し、全国的に定着させていくことが目指された。

環境保全型農業は、１９８０年代初頭に篠原孝（当時・農林水産省、現・衆議院議員）が考え出した言葉で、次のように述べている。

「その時のアメリカ型農業礼賛論者に対し、日本の自然、気候、風土に合った『日本型農業』の重要性を説き、より具体的には『環境保全型農業』なる新語で説明した。（中略）簡単に言うと有機農業なのだが、有機農業という言葉は当時はあまりにも反発が強く、使うことをためらい、少々違ったニュアンスの言葉を考え出した」(8)

環境保全型農業という言葉は、限りなく有機農業に近い内容であったことがわかる。ちなみに、篠原は一楽照雄と親交があり、金子美登・友子夫妻（埼玉県小川町の有機農家。第6章で詳述）とも付き合いが長い。一時、まわりからは日本有機農業研究会「霞が関出張所員」（あだ名）とも言われ、国会議員になってからは有機農業の大応援団を形成している(9)。

ところが、1990年代以降、農林水産省が推進する環境保全型農業は、当面の目標について農薬と化学肥料の使用量を現状比2~3割程度削減とし、その中身は有機農業とかけ離れたものであった。

1999年に制定された「食料・農業・農村基本法」では、市場原理の徹底を目指す一方で、自然循環機能の維持増進の必要性や農業の持つ多面的機能など環境保全的価値の重視も打ち出された。これを受けて成立した「持続性の高い農業生産方式の導入の促進に関する法律（持続農業法）」は、環境保全型農業を政策的に推進する上で根拠となる中心的な法律である。

1990年代は、環境保全型農業推進のための法整備や関連施策が本格的に進められ、その普及・振興を図ったが、その中で有機農業は環境負荷を軽減する環境保全型農業の一形態として位置付けられていた。

同時に、農薬や化学肥料を使用しない消費者ニーズに対応した高付加価値を実現する農業としても注目され、有機農産物の基準・認証の制度化へとつながっていったのである。

有機農業推進のための四つの基本理念

こうした状況のもと、有機農業推進法によって国や自治体が有機農業を推進する責務があるとし、有機農業を核とした環境保全型農業の推進という位置付けに変化した。その第3条では、国や自治体が有機農業を推進するために求められる四つの基本理念を定めている。
①有機農業の推進は、農業の持続的な発展と環境との調和が重要である。また、有機農業は農業の自然循環機能[10]を大きく増進し、かつ、農業生産に由来する環境への負荷を低減するものである。農業者がこのような農業に容易に取り組むことができるように有機農業の推進を行わなければならない。
②有機農業は良質な農産物の需要に応えるため、農業者その他関係者が有機農業により農産物を生産し、流通又は販売に取り組むことができるようにする。同時に、消費者がそのような農産物を容易に入手できるように有機農業を推進する。
③有機農業の推進は有機農業及びそれにより生産された農産物に対する消費者の理解が重要である。消費者の理解を増進するために有機農業者、その他関係者と消費者の連携を図る。
④農業者の自主性を尊重して、有機農業を推進する。
このように、基本理念では、有機農業が環境との調和を図り自然循環機能を大きく増進する生産活動であること、次に有機農業により生産された農産物は良質であること、最後に有機農業を推進するために、消費者との連携を図ることなどが大きな特徴として述べられている。

有機農業モデルタウン事業の実施と廃止

２００７年4月には、有機農業推進法にもとづき「有機農業の推進に関する基本的な方針」が公表された。２００８年度から始まった「有機農業総合支援対策」で注目すべき取り組みが「有機農業モデルタウン事業」で、「地域に広がる有機農業」の構築と普及が目指されたのである[11]。２００８年度は45地区、２００９年度は59地区がモデルタウンに選出された。これをきっかけに、有機農業者が中心となって行政や農協、生産者グループ、消費者グループなどが参加する「有機農業推進（有機の里づくり）協議会」が全国各地で組織されるようになった。

有機農業モデルタウン事業は、成果を挙げつつあった。例えば、２００８年度に選出された45地区のうち、有機農業者数は36地区（慣行農業からの転換参入、有機農業への新規参入いずれも）、有機農業に取り組む面積は40地区で増加した。学校給食への有機農産物の供給についても、供給件数は回答数25地区のうち11地区、供給量は18地区で増加したという[12]。

ところが、２００９年９月に政権が交代すると、有機農業モデルタウン事業は同年11月に実施された内閣府行政刷新会議の事業仕分けで廃止となった。その後、地域政策としての有機農業は後退し、収益力と所得の向上を目指す産業政策重視の有機農業へと中身が変化していったのである。

有機農業の推進に関する基本的な方針は、２０１４年４月に一度改定された後、２０２０年４月に新たな方針が定められた。その特徴は、有機農業の生産拡大、有機食品市場における国産の供給割合（国産シェア）の拡大、有機食品の輸出拡大に対応できる産地形成である。引き続き産業政策が重視され、２０３０年の国内外における有機食品の需要拡大見通しに対応し、次のとおり生産および消費の目標を定めている。

- 有機農業の取り扱い面積：２万３５００ha（２０１７）→６万３０００ha（２０３０）
- 有機農業者数：１万１８００人（２００９）→３万６０００人（２０３０）
- 有機食品の国産シェア：60％（２０１７）→84％（２０３０）
- 週１回以上有機食品を利用する消費者の割合：17・5％（２０１７）→25％（２０３０）

「みどりの食料システム戦略」の策定

農林水産省は、食料・農林水産業の生産力向上と持続性の両立をイノベーション（革新）で実現する新たな政策方針として、２０２１年5月に「みどりの食料システム戦略（以下、みどり戦略）」を策定した。

目標値と次世代有機農業技術

２０２０年９月頃から農林水産省内で検討が始まり、素案の作成、関係団体との意見交換、２０２１年３月29日に中間取りまとめの決定[13]、パブリックコメントの募集を経て、急ピッチで作業が進められた。その理由は、２０２１年９月に開かれた国連食料システムサミットでみどり戦略を公表したいという思惑があったからである。

その背景として、菅義偉前首相が２０２０年10月の所信表明演説で２０５０年までに「カーボンニュートラル」「脱炭素社会」の実現を宣言したこと、欧州委員会が２０２０年５月に「Farm to Fork（農場から食卓まで）」戦略を公表し、日本もその流れに乗り遅れないために大急ぎで政策転換をし、国際社会に表明しなければならなかったことが挙げられる[14]。

みどり戦略では、２０５０年を目標年次とする14のＫＰＩ（重要業績評価指標）を掲げている。有機農業の推進という観点から、重要なＫＰＩが次の４点である。

- 農林水産業のCO_2ゼロエミッション化の実現
- 化学農薬の使用量をリスク換算で50％低減
- 化学肥料の使用量を30％低減
- 耕地面積に占める有機農業の取り組み面積を25％、１００万haに拡大

これまで見てきたように、遅々として進まない有機農業の現状を見るかぎり、この目標値は野心的かつ大胆なもので、農業政策の大きな方向転換を求めている。どのように有機農業の拡大を実現しようとしているのだろうか。

みどり戦略では、**図表２－５**に示したとおり、２０４０年までに「次世代有機農業技術」を確立し、２０５０年までに輸出促進も含めたオーガニック市場の創出と有機農業の拡大を目指している。

次世代有機農業技術とは、どのような技術を指すのだろうか。農薬と化学肥料の低減について見ると、**図表２－６**のようにその柱にはＡＩ（人工知

能）やＩＣＴ（情報通信技術）、ドローン（無人航空機）、ロボットの活用といった「スマート技術」が位置付けられている。言い換えれば、「有機農業技術のスマート化」である。さらに、農作物のゲノム情報や生育など育種に関するビッグデータを整備

図表２－５　みどり戦略における有機農業の取り組みの拡大

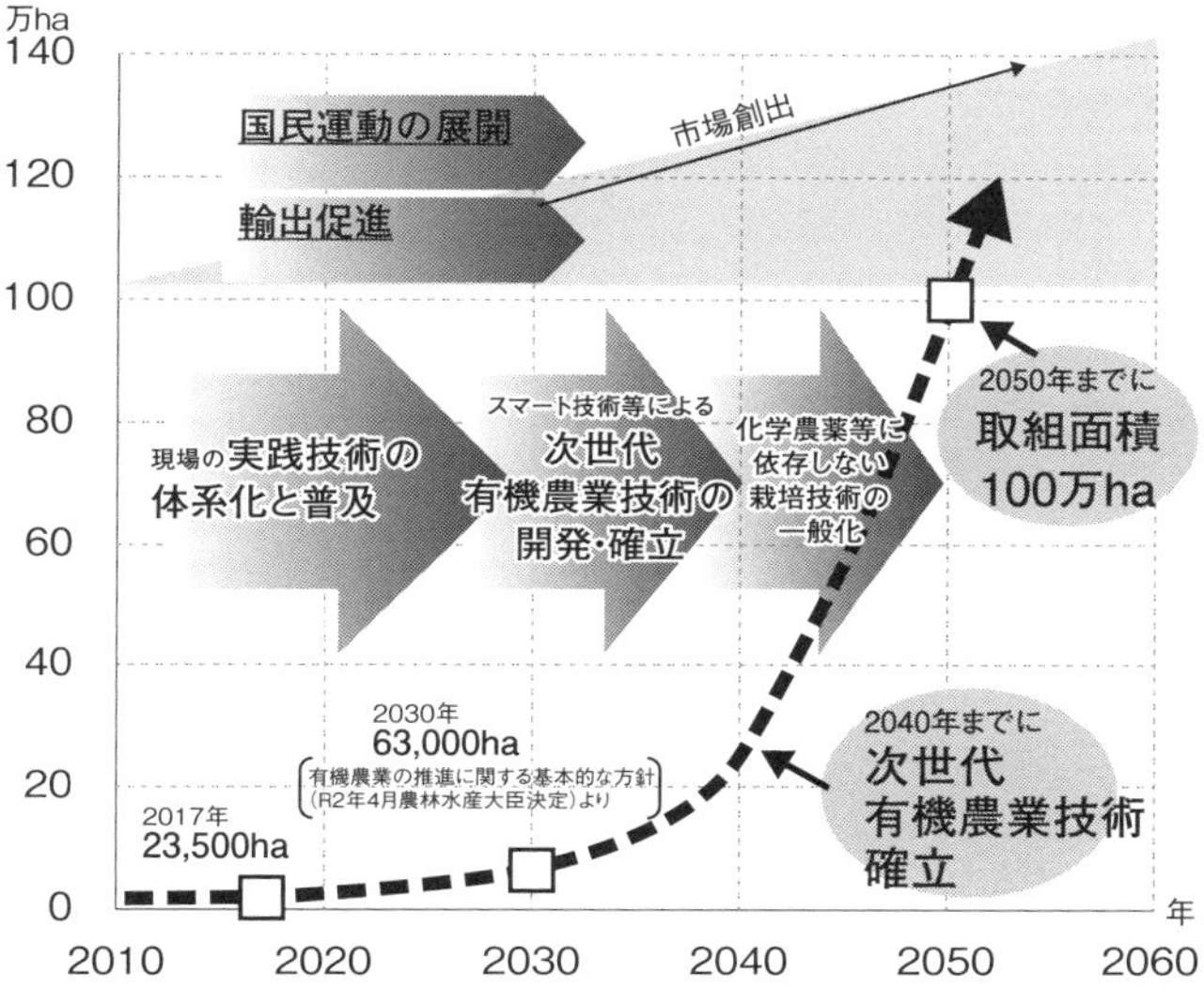

資料：農林水産省「有機農業をめぐる事情」（2022 年 7 月）

図表２－６　目標達成に向けた技術開発

化学農薬の低減

- 化学農薬のみに依存しない総合的な病害虫管理体系の確立・普及
  - －多様な作物について、病害虫抵抗性を有し、かつ、生産性や品質が優れた抵抗性品種
  - －天敵などを含む生態系の相互作用の活用技術
  - －共生微生物や生物農薬等の生物学的防除技術
- 新規農薬等の利用・スマート防除技術体系の確立
  - －低リスク化学農薬、新規生物農薬、RNA農薬
  - －除草ロボット、AI等を用いた病害虫の早期・高精度な発生予察技術
  - －ドローンによるピンポイント散布（散布用農薬の拡大）

化学肥料の低減

- 有機物の循環利用
  - －堆肥の製造コスト低減・品質安定化技術や低コストなペレット化技術
  - －汚泥等からの肥料成分（リン）の低コスト回収技術
  - －施肥の効率化・スマート化
- ドローンや衛星画像等を用いて、土壌や作物の生育状況に応じて精密施肥を行う技術
  - －土壌や生物などのデータを活用したスマート施肥システム
  - －有機物なども活用した新たな肥効調節型肥料、土壌微生物機能の解明と活用技術

注：RNA 農薬とはリボ核酸農薬（Ribonucleic Acid）で、RNA 干渉により害虫内の遺伝子機能を抑制した防除法
資料：農林水産省の資料より筆者作成

図表２－７　欧州グリーンディールの目標

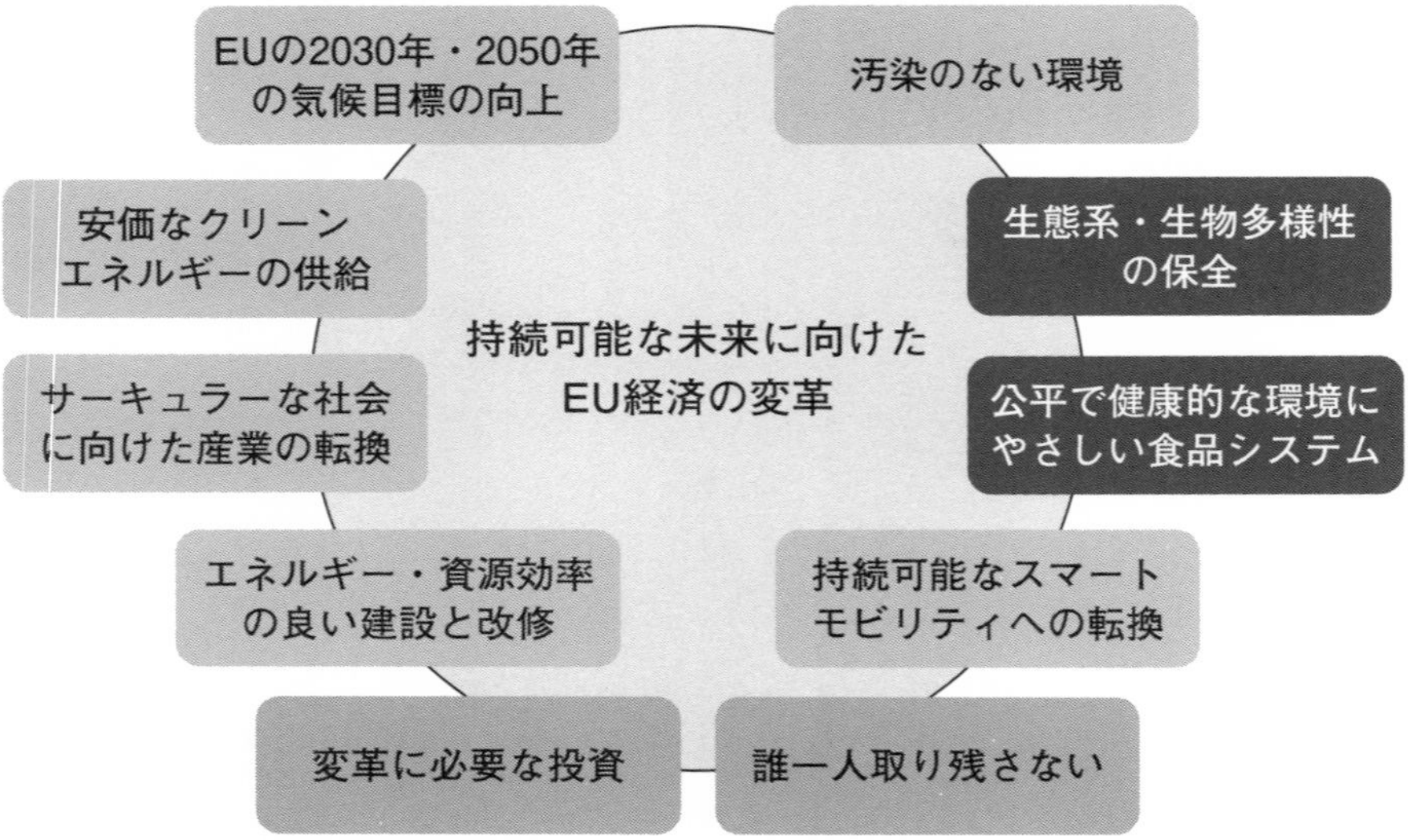

資料：欧州委員会発表資料より筆者作成

し、これをＡＩや新たな育種技術と組み合わせて活用する「スマート育種システム」の開発なども進められている。

農林水産省は、気候変動対策とともに、労働力不足による農作業の省力化、労力削減など労働生産性の向上にこうした先端技術の活用を不可欠としている。

EUのFarm to Fork（農場から食卓まで）戦略

欧州委員会は、２０１９年12月に持続可能な未来に向けたＥＵ（欧州連合）経済の変革を目的とする「欧州グリーンディール」を公表した。２０５０年までに地球温暖化の原因となる温室効果ガスの排出量を実質ゼロとすることを目指し、気候中立、人びとの幸福と健康の向上、脱炭素と経済成長の両立をつうじてＥＵの経済・社会のあり方を移行しようとするものである。

図表２－７のように、欧州グリーンディールは気候目標の他に、七つの政策分野における目標も明記

していることから、環境・経済・社会政策を含む包括的な戦略の中身で構成されていることがわかる。つまり、「単に温室効果ガス排出の削減を目指すだけのものではなく、その取り組みを通じて人々の健康や生活の質、自然環境の保全も含んだ新しい形の持続的な経済発展を目指すものである」[15]。農業分野は、Farm to Fork 戦略と生態系および生物多様性に関する戦略が関連している。

その中でも、持続可能な食料システムへのアプローチを示したFarm to Fork 戦略は、欧州グリーンディールの中核に位置付けられている。なぜなら、現代のグローバル・フードシステムは、食料生産から加工・流通、消費、廃棄という全ての段階で、温室効果ガスを多く排出し、気候危機を促す主要因として深く関係しているからである[16]。

Farm to Fork 戦略では、2030年を目標年次とする五つの項目を掲げている。

- 化学農薬の使用およびリスクの50%削減
- 肥料の使用を20%削減
- 家畜と水産養殖に使用される抗菌性物質の販売量の50%削減
- 一人当たり食品廃棄物を50%削減
- EUの農地面積に占める有機農業の割合を25%に到達

みどり戦略の課題とこれから

みどり戦略は、Farm to Fork 戦略と比べて目標年次が異なるものの、数値目標はほぼ同じで、温室効果ガスの排出削減という大枠も共通しているが、目指すべき方向性に相違が見られる。

農業経済学を専門にする田代洋一（横浜国立大学、大妻女子大学名誉教授）がこの点を的確に指摘している。つまり、みどり戦略を「カーボンニュートラルによる農業の持続性確保の戦略と早合点」しがちだが、その「トップは『生産力向上』であり、それと『持続性の両立』を図る、そのための『イノベーションの創出』、『スマート技術』化が主題である」とし、具体的な取り組み方向の「主軸はあくまで〈イノベーション→政策対象の選別→農業現場への持ち込み〉」にあるという。[17]

みどり戦略の弱点、欠如

Farm to Fork戦略がフードシステムに起因する気候危機や環境問題の解決、健康改善など持続性を重視し、新たな経済の創出を目指しているのに対し、みどり戦略は「技術のイノベーションによる生産力向上」を重視し、持続性の視点が弱い。[18]

その方向性には大きな違いがあり、みどり戦略への懸念もここから生まれている。これまでの有機農業の展開を踏まえた内容とかけ離れ、〈技術のイノベーション→有機農業の産地形成→輸出も含めたオーガニック市場拡大〉という短絡的な産業政策に傾斜してしまう可能性が大きい。みどり戦略には、次に示す四つの視点が欠如している。

- **自然共生**：持続可能な農業をどのように広げていけるのか
- **担い手育成**：誰が有機農業を担うのか
- **食と農**：誰が有機農産物を食べるのか
- **地域政策**：どのように地域で有機農業を広げていけるのか

スマート技術の導入は、あくまで農業生産の手段である。それが目的化してしまうと、農地面積と生産量の増加という数字だけを追い求めることになり、有機農業の理念や積み重ねを切り捨て、大事なものを見失ってしまうのではないだろうか。

「自然共生」「担い手育成」「食と農」の視点を踏まえ、有機農業を広げていくプロセスを地域の文脈で丁寧に考え、描く「地域政策」が求められている。そう考えると、みどり戦略ではその姿が描けていない。「本当に実現できるのだろうか」と誰もが懐疑的になってしまう一因がここにある。

2022年4月には、「環境と調和のとれた食料システムの確立のための環境負荷低減事業活動の促進等に関する法律（みどりの食料システム法）」が

図表２－８　オーガニックビレッジ事業のイメージ

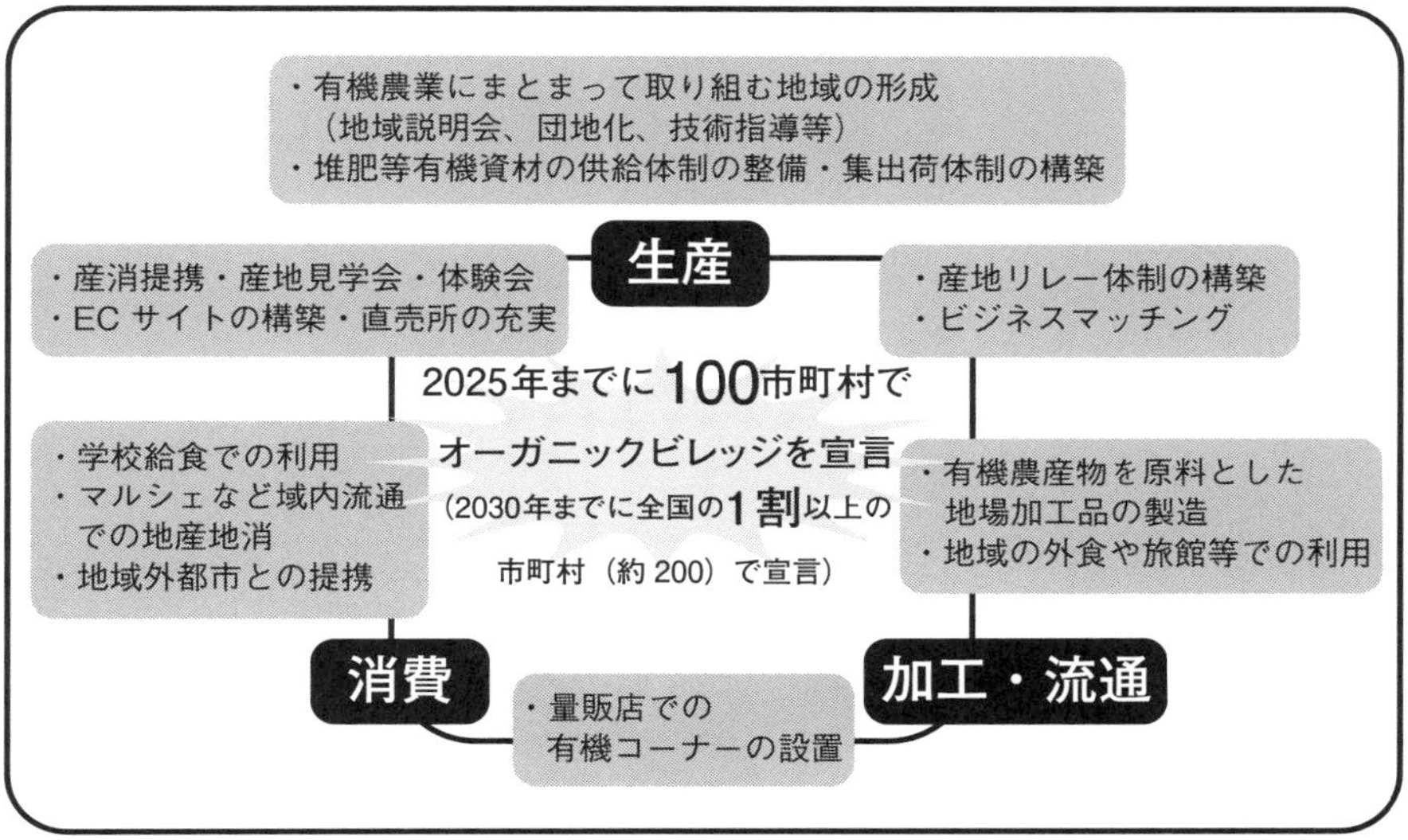

注：EC（Electronic Commerce）サイトとは、商品やサービスをインターネット上で販売するサイト
資料：農林水産省

成立し、7月に施行された。そこでは、生産－流通－消費の各段階で環境負荷の低減＝みどり化を進めるために、各主体の連携強化を定めている。

オーガニックビレッジの展開

みどり戦略の柱の一つに「オーガニックビレッジ事業」がある。オーガニックビレッジとは、「有機農業の生産から消費まで一貫し、農業者のみならず事業者や地域内外の住民を巻き込んだ地域ぐるみの取組を進める市町村」を指し、**図表２－８**のように

オーガニックビレッジ宣言（2023 年）をした埼玉県小川町

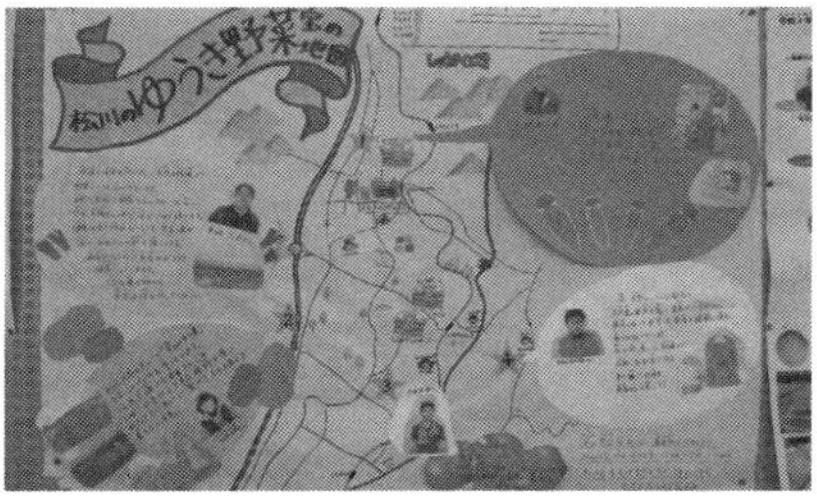
宣言（2023 年）をした長野県松川町の「生産者と食材」のマップ

先進的なモデル地区を順次創出し、横展開を図っていく方針である。

具体的には、市町村で「有機農業実施計画」を策定し、オーガニックビレッジ宣言を行う市町村数を２０２５年までに１００、２０３０年までに全国の約１割（約２００）以上を目指している。２０２３年６月時点で、オーガニックビレッジ宣言をした市町村数は計46で、そのうち兵庫県と島根県は４、山形県、栃木県、鹿児島県は３の市町村が宣言している。宣言を出している自治体がない都府県も19あり、地域間で偏りがある[19]。

オーガニックビレッジ事業の大きな目的は、地域の中で生産－流通－消費の連携をつくり、生産者が有機農業に取り組みやすい環境を整備することにある。これは、有機農産物の地産地消、すなわち有機農業を軸にしたローカル・フードシステムの構築と言い換えることができる。「有機農業と地域づくり」という地域政策を視野に入れた取り組みとなり、各自治体からの関心と期待が高まっている。

〈注釈〉

（１）農林水産省生産局農業環境対策課「有機農業をめぐる事情」２０２３年６月（https://www.maff.go.jp/j/seisan/kankyo/yuuki/attach/pdf/index-11.pdf）最終閲覧日：２０２３年７月18日

（２）２０２０年農林業センサスの農業経営体調査票を見ると、「有機農業とは、化学肥料及び農薬を使用せず、遺伝子組み換え技術も利用しない農業のことで、減化学肥料・減農薬栽培は含みません。なお、自然農法に取り組んでいる場合や有機ＪＡＳの認証を受けていない方でも、化学肥料及び農薬を使用せず、遺伝子組み換え技術も利用しないで農業に取り組んでいる場合、有機農業に該当します。なお、販売を目的とせず自給用のみに作付けた（栽培した）場合は、含めません」としている。

（３）詳しくは、中島紀一（２００６）「農を変えたい：社会の大本、農への期待を拡げたい」中島紀一編著『いのちと農の論理：地域に広がる有機農業』コモンズ、pp.9-32を参照されたい。

（４）有機農業推進議員連盟ホームページ（http://organicfarming.jp/?page_id=43）最終閲覧日：２０２３年６月22日

（５）詳しくは、足立恭一郎（２００１）「〈資料〉日本有機農業学会の設立までの経過」日本有機農業学会編『21世紀の課題と可能性 有機農業研究年報１』コモンズ、pp.217-232を参照されたい。

（６）詳しくは、今井登志樹（２００６）「有機農業推進法を創ろう」中島紀一編著『いのちと農の論理：地域に広がる有機農業』コモンズ、pp.171-184を参照されたい。

（7）農林水産省ホームページ「有機農業の推進に関する法律」（https://www.maff.go.jp/j/seisan/kankyo/yuuki/attach/pdf/sesaku-1.pdf）最終閲覧日：2023年7月10日

（8）篠原孝（2000）『農的循環社会への道』創森社、p.13

（9）しのはら孝blog「市民権に次いで『村民権』も得た金子さんの有機農業」2011年2月21日（http://www.shinohara21.com/blog/archives/2011/02/index.php）最終閲覧日：2023年8月6日

（10）自然循環機能とは、農業生産活動が自然界における生物を介在する物質の循環に依存し、かつ、これを促進する機能を指す。

（11）中島紀一（2011）『有機農業政策と農の再生：新たな農本の地平へ』コモンズ、p.59

（12）農林水産省「有機農業及びモデルタウンを巡る動き」2009年7月（https://www.maff.go.jp/j/seisan/kankyo/yuuki/pdf/4_1_model_town_meguji.pdf）最終閲覧日：2023年7月10日

（13）日本有機農業学会は、中間取りまとめに対して提言を提出した。日本有機農業学会『「みどりの食料システム戦略」に言及されている有機農業拡大の数値目標実現に対する提言書』2021年3月19日（https://www.yuki－gakkAI.com/wp－content/uploads/2021/03/ad6107335000bf2cdf94163e8e3d7c542.pdf）最終閲覧日：2023年7月10日

（14）谷口吉光（2022）「『有機農業のパラダイム』とみどりの食料システム戦略の行方」『生活協同組合研究』554、公益財団法人生協総合研究所、pp.37-38

（15）和泉真理（2021）「ＥＵの『農場から食卓へ（Farm to Fork）戦略』：『みどりの食料システム戦略』と比較しつつ」『農村と都市をむすぶ』71（12）、p.25

（16）IPCC（気候変動に関する政府間パネル）は、2019年8月に特別報告書『気候変動と土地（Climate Change and Land）』を公表した。農業と林業、その他の土地利用からの人為的な温室効果ガスの排出量は、世界の総排出量の約22％に相当し、食料の生産に加え、加工、流通、消費に至る食料システム全体からの排出は、世界の温室効果ガス総排出量の21～37％を占めるという。IPCC（2019）「Climate Change and Land」（https://www.ipcc.ch/srccl/）最終閲覧日：2023年6月22日

（17）田代洋一（2022）『新基本法見直しへの視点』筑波書房、pp.35-36

（18）詳しくは、谷口吉光（2021）「農と食をめぐるパンデミック500日」『世界』949、岩波書店、pp.229-238、和泉真理（2021）「ＥＵの『農場から食卓へ（Farm to Fork）戦略』：『みどりの食料システム戦略』と比較しつつ」『農村と都市をむすぶ』71（12）、pp.24-35を参照されたい。

（19）農林水産省「オーガニックビレッジのページ」（https://www.maff.go.jp/j/seisan/kankyo/yuuki/organic_village.html）最終閲覧日：2023年6月19日

第3章

有機農業の源流と自給・提携

ORGANIC FARMING

有機農業の源流

戦後に芽生えた「もう一つの農業」

日本における有機農業の社会的広がりは、1970年代以降である。ただし、それ以前から有機農業と称さなくとも、地力の低下を防ぐという目的意識から生態系を重視する農法の取り組みが始まっていた。さらに農地改革や食料増産政策による農家の意識向上、意欲高揚を背景に、有機農業的な農業の発展を目指す動きが全国各地で多彩に展開した。

その起点は、自然農法の実践である。福岡正信は、横浜税関植物検査課勤務後、1937年に一時帰郷（愛媛県伊予市）して自然農法を開始し、8年間の高知県農業試験場勤務を経て1947年から伊予市で自然農法を実践した。

福岡の影響を受けた一人に第1章で触れた川口由一（奈良県桜井市）がいる。川口は定時制高校に通いながら農業に従事していたが、農薬散布により体調を崩し、作家の有吉佐和子の『複合汚染』に衝撃を受け、農薬・化学肥料・機械の不使用を決意した。その後、福岡の『自然農法 わら一本の革命』をつうじて自然農法の存在を知り、1978年から自然農を実践、提唱してきた。川口の実践は具体的でわかりやすいこともあり、その農業観、人生観にも共感する若い世代に広がっている。

また、世界救世教の創始者で、書家、画家、建築家でもあった岡田茂吉（1882－1955年）は、1935年から無農薬・無肥料栽培を開始した。その後、1950年に自然＝土そのものを最大限に尊重し、作物に肥料を使用するのは、人間の健康に対する医薬や栄養の考え方と共通した誤りがある肥毒という考えのもと、肥料を投入せず、清浄な土の力だけで作物を栽培する自然農法を提唱した。

戦後、化学肥料が普及すると、地力の低下を認識していた農家は、堆厩肥《たいきゅうひ》の増産・増投に努めた。

有畜化の動きは、自給飼料生産とともに１９５０年代以降進展し、１９６０年代前半にかけてピークを迎えた。政策面では、１９５２年に「有畜農家創設特別措置法」が制定され、堆厩肥や人糞尿、緑肥の利用についても様々な自給肥料推進事業が実施された。１９５０年代における自給肥料の消費量は、戦前の水準を上回り、物質循環を軸にした地力維持システムが農家内、地域内、都市と農村の間で形成された。農地改革後、農家は自分の農地で、新しい農業を実現していこうとする希望に満ちた時期で、農業の近代化と区別される「もう一つの日本農業」が存在していたという(1)。

かつては多くの農家が有畜複合農業を営んでいた

踏み込み温床。落ち葉や米糠、鶏糞などの有機物を踏み込んでつくる

コモンズ論の先駆者で環境経済学を専門にする多《た》辺《べ》田《た》政弘（１９４６－２０１７年。沖縄国際大学教授、後に専修大学教授）は、こうした戦後10～15年を「いきいきとした農的世界と地域自給を展開する場として輝いた時期」としている。ここから、地域内資源を生かす農業的技術と生活の仕組みの再生を考える際のヒントがあるとし、さらに「１９７０年代からの有機農業運動という〈もう一つの戦後〉へと水脈を通じようとしているように思える」と述べている(2)。

１９６０年代前半頃までは、多くの農家が自給をベースにした有畜複合農業を営んでいた。田畑には米、麦、大豆、少量多品目の野菜を育て、庭には馬や牛、豚、鶏など少頭羽の家畜を飼い、畔草はきれいに刈られ、その草は家畜のエサとなった。家畜の糞尿は稲わらなどに絡ませ、堆肥として再び田畑に還元され、そこから生み出される自然の恵みを人間が食べていた。その営みは、〝いのち〟がめぐり、外部への依存が極めて少ない自立・循環的な世界であったと言える。

農業の近代化と循環型農業の解体

このような有畜複合農業、循環型農業を解体し、資本主義的経営原理を農業に貫徹したのが1961年6月に制定された「農業基本法」であった。この政策理念は、「他産業との生産性の格差が是正されるように農業の生産性が向上することおよび農業従事者が所得を増大して他産業と均衡する生活を営むこと」であった。

日本農業の生産性の低さが問題とされ、農業が一つの産業として自立できること、農家もまた自立した経営の育成が不可欠であるとされた。ここで言う生産性とは、主に労働生産性を指す。農業の近代化政策では、生産性の向上を目的に「構造改善」と「選択的拡大」を推し進めた。

構造改善では、小規模・零細から農地を特定の農家に集積する大規模化を図り、効率的な農業経営体の育成を目指した。選択的拡大では、自給・少量多品目から専作化を図り、全国流通を前提とした「大量生産－大量消費型」の商品生産システムへと再編された。野菜と果樹は大型産地が形成され、畜産は輸入飼料への依存を前提に規模拡大が進んだ。

市場流通では外観が良く、規格も揃った農産物が評価されたため、交換価値の高い農産物の生産を求められた農家は化学化（農薬と化学肥料）、機械化（大型機械の導入）、施設化（ビニールハウスの導入）など部分的技術を複合的に組み合わせながら、農産物の商品化と大量供給に対応した。

その結果、耕種農業と畜産は切り離され、戦後すぐに芽生えた自給肥料の生産は急速に減少し、地力の低下や生態系バランスの崩壊、さらに農薬と化学肥料の多投入が常態化する悪循環を引き起こした。

有機農業に取り組んだ動機

図表3－1は、有機農業開始の動機である。大きな背景として、農業の近代化そのものへの抵抗と対

図表3－1　有機農業開始の動機　（複数回答）

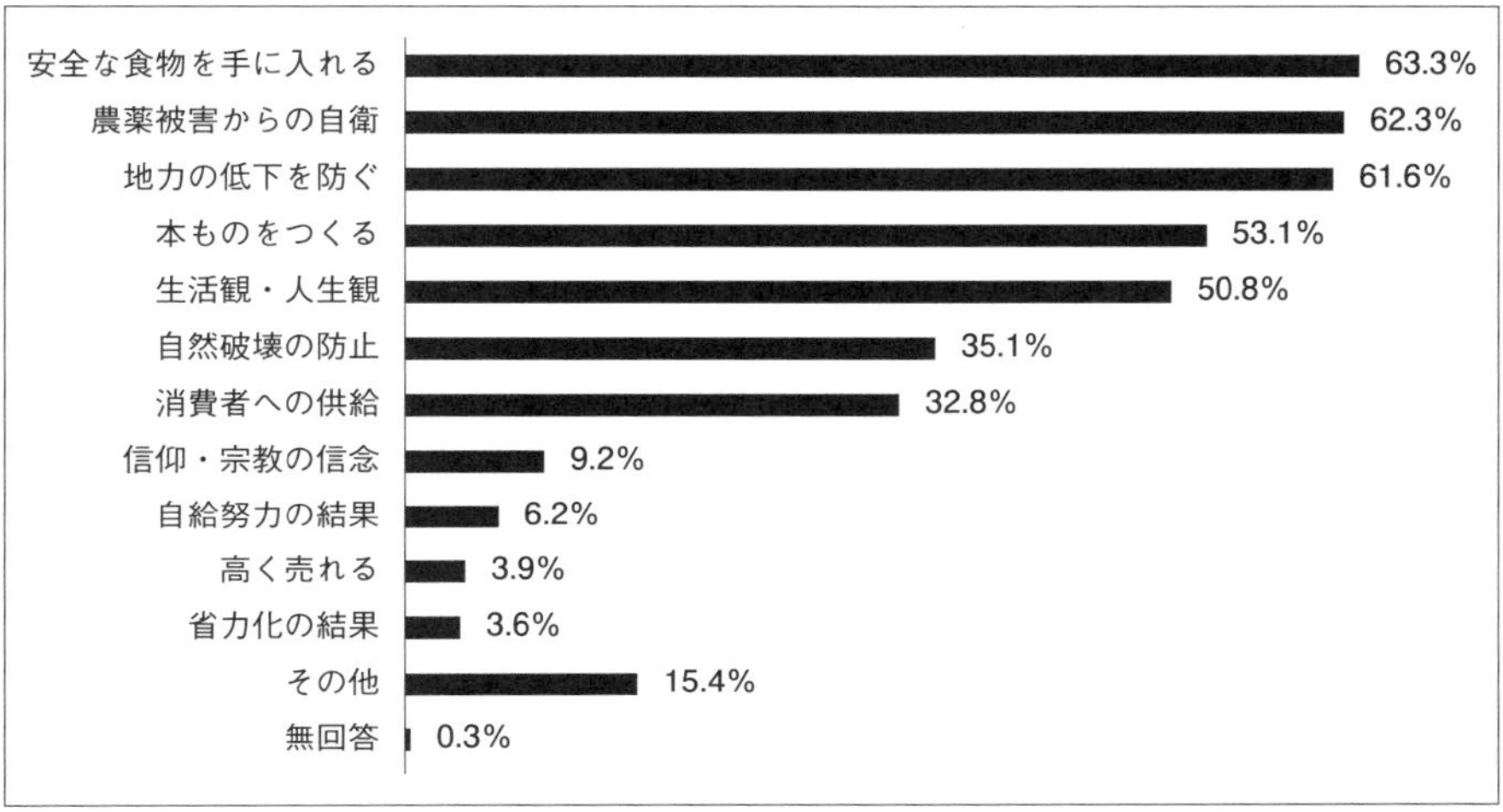

資料：国民生活センター編（1981）『日本の有機農業運動』日本経済評論社、pp.20-21、表1-1を参考に筆者作成
注：調査時期（1979年11～12月）、回収票数329票（回収率66.2%）うち有効票数305票

抗があり、それがもたらす健康被害や食の安全への不安、地力の低下、環境破壊、そしてほんものの食べものづくり、生き方や暮らし方の見直し、消費者との出会いなど多様な動機が挙げられている。

その他にも、山間地域や小規模自給農家による伝統的農法の継承、有吉佐和子の『複合汚染』や「土と健康」（1978年まで誌名は「たべものと健康」、日本有機農業研究会）、「現代農業」（農山漁村文化協会）など雑誌や本、勉強会などによる学習、反公害・反開発運動からの派生などがある。

反公害・反開発運動の中から生まれた取り組みとして、水俣病患者とその支援者によるミカンの無農薬栽培（熊本県水俣市）や三里塚ワンパック野菜（千葉県成田市）などがある。水俣市では、公害の被害者であると同時に、そのような社会を容認してきた加害者でもあるという認識に立ち、自らの暮らしを見直し、公害に反対しながら農薬と化学肥料を使用することへの反省から有機農業に取り組んだ。成田市三里塚では、空港建設による用地買収に対して三里塚闘争（成田空港建設反対運動）が起こり、土を守るという視点から地元農民が有機農業を実践し、産直グループや生産者グループも多い。

近代農業の弊害

農薬被害を直接受けた農家は、自分の健康を守る自衛のために有機農業を開始した。近代農業が普及するなかで、自ら農薬中毒にかかり、家族の中にも被害者が出ていた農家が有機農業に転換した。

大平農園（東京都世田谷区等々力）

大平農園の取り組みについて見ていく。[3] 大平農園は、江戸時代から約400年以上続く農家である。戦後、ビニールハウスを導入するなど近代農業を先駆的に実践していたが、ハウス内で農薬散布を続けるなかで農薬禍にあった。ハウスは、高温のため害虫が付きやすく、農薬使用量が増加する。しかも、空気は循環せず、農家が農薬を吸入する機会が露地栽培に比べて高い。大平博四《ひろし》（1932－2008年）は、目まい、吐き気、耳鳴りなど様々な自覚症状が発症し、農薬による健康被害が出て、失明寸前、左耳は聞こえなくなったという。

大平は、当時の様子を次のように振り返る。

「そうした時期の父の死でした。家の中には重く苦しい雰囲気がただよい、どうしようもない状態の時、母がこう言い出したのです。

『とにかく、丈夫で生きることが一番大切なんだよ。農薬を使うのを一切やめてしまおう。化学肥料だって畑にも作物にもよくはあるまい。私がおばあさんと農薬も化学肥料もない時代に、立派に農業をやってきたんだよ。今だってやれる』

私達が夢中でビニール・ハウス農業をやっていた時代に、現在九十三歳で元気に暮らしている祖母が『私達がやっていたころの農業の方が楽で、もっとよいものがとれたがなあ』と言っていたことを思い出し、昔の農業に戻ることを決意しました。

農薬も化学肥料もビニールも使わずに、今の農業と立ち打ちできる、そんな夢のような農業があるのだろうか。そうだ！　祖母達のやってきたこの農法を『夢の農法』と思って実現させてみよう。幸いにして、祖母も母も健在なので、祖母の時代の農法を基礎から学びとろうと、私は重大な決心をしたのでした」[4]

自身の農薬被害、父親の死をきっかけにハウス栽培を止め、一昔前の農業を参考に１９６８年から農薬と化学肥料を使用しない農業に転換した。大平農園の特徴は、堆肥づくりである。都市にある資源として植木の剪定枝を中心に、馬事公苑からの馬糞、消費者世帯からの生ごみなど地域資源を活用して堆肥をつくり、土を蘇らせ、技術普及にも努めた。

ブドウの品種改良に情熱を注いだ澤登晴雄（1999 年、東京都国立市）

澤登芳。無農薬栽培のブドウ棚の下で（1999 年、山梨県牧丘町）

試行錯誤の日々を重ねながらも、大平のもとには連日のように関心を寄せる消費者が訪れたという。消費者と交流するなかから始まった提携は、若葉会というグループに発展した。複数の農家と連携しながら、毎週約３００世帯に農産物を届け、世田谷区の学校給食にも供給した。

果樹や酪農などでも有機農業で取り組む

農業の近代化は、農家を有機農業に向かわせる主要な動機であったが、それは米や野菜だけではなく、果樹や酪農・畜産も同様であった。果樹では第６章で取り上げる無茶々園《むちゃちゃえん》（愛媛県明浜町《あけはまちょう》）が温《うん》州《しゅう》みかんや伊予柑、甘夏など柑橘、また、澤登晴雄・澤登芳《かおる》兄弟がブドウやキウイフルーツで有機農業に取り組んだ。

澤登兄弟の兄・晴雄（１９１６－２００１年）は、東京都国立市で農業科学化研究所を設立し、ブドウやキウイフルーツの育種・栽培技術、さらに国産ワインづくりを研究するとともに、日本有機農業研究会の理事長も務めた。[5] 弟・芳（１９２８－２０１４年）は、郷里の山梨県牧丘町で１９７０年代初めにブドウの無農薬栽培を成功させ、雑草草生・不耕起栽培を確立した。さらに、１９９０年代以降は県内の有機農業者のネットワーク形成、地域づくりにも積極的に取り組んだ。芳の実践は、長女の澤登早苗が引き継いでいる。[6]

酪農では、島根県の奥出雲地域で農薬と化学肥料の害にいち早く気付いた酪農家たちが１９７０年代初頭から有機農業運動を開始した。[7] 佐藤忠吉《ちゅうきち》（１９２０－２０２３年）が創業した木次《きすき》乳業を拠点に、木次有機農業研究会が自給飼料を基本にした有畜複合小農経営を行う酪農家を木次町から奥出雲地域にかけて徐々に増やして組織化を進め、生産・加工・流通・消費をつなぐ斐伊《ひい》川流域自給圏を形成していった。

消費者グループからの要請

安全な食べものを求める消費者グループの呼びかけに応える形で、有機農業に転換する農家もいた。これは、当時の消費者運動の力が大きかったことを物語っている。

三芳村安全食糧生産グループ（千葉県三芳村）

三芳村安全食糧生産グループ（現・三芳村生産グループ）の取り組みについて見ていく。[8] 三芳村安全食糧生産グループは、１９７３年10月に地元農家18軒で発足した。そのきっかけは、同月に北海道の「よつば牛乳」を共同購入していた幼稚園、小中学校の子どもを持つ女性25名が三芳村を訪問したことであった。この運動を組織した安全食糧開発グループ代表の岡田米雄と女性たちはほんものの牛乳、食べものについて勉強会を重ね、農薬と化学肥料を使用しない安心・安全な野菜や卵の生産を三芳村の農家にお願いし、話し合いの場を持った。

生産グループのリーダーであった和田博之は、当時の様子を次のように振り返っている。

「消費者からは、ケージ配合飼料というのは大変問題がある、配合飼料を使わないで放し飼いまたは平

みんなの家は生産者と消費者の交流拠点

生産グループでは多品目の野菜を生産し、緑農も受け入れる

有機野菜を袋詰めにする

生産グループのリーダー和田博之

飼いで卵を生産してもらえないか、そしてその鶏糞で野菜とかお米を作ってほしいという要望がございましたので、鶏からまず始めたい、鶏も全員飼うことにしようと、話を進めました[9]」

世界救世教自然農法普及会の指導者であった露木裕喜夫（元・静岡県沼津農業改良普及事務所長）が三芳村を訪問して指導を行い、コマツナの出荷から始まった。１９７４年２月に生産グループと提携する「安全な食べ物をつくって食べる会」が１１０名の会員で正式に発足し、同年９月には放し飼い自然卵の出荷も始まった。

食べる会の趣意書には、五つの項目がある。（四）損失覚悟で「私たち消費者もまた、ホンモノ農民と同様ホンモノ農畜産物を生産するための損失を負うべきであり、そのような覚悟ができた消費者と農民とが組んで、この自然農法の確立に努め、ともどもホンモノ人間にならなければなりません」とした上で、（五）具体的な方法、（六）参加のための条件が示されている。

〈具体的な方法〉　私たち消費者は、この自然農法確立のための保証金として、とりあえず各戸一万円を拠出し、拠出した人数に見合った農民の耕地を自然農法のための実験的農地としてその年収を保証し、その保証の下に実験的生産を行ない、農民と消費者とが損失をわかちあって自然農法を確立しようと思います。そのための組織をつくりましたので、志ある方は御参加ください。

〈参加のための条件〉　①一戸当たり保証金一万円拠出。②参加者には生産された農畜産物は全て均等にわけられる。③値段は農民がつける。④耕地の年収をあらかじめ農民が決め、年度末に決算をして損失があれば、保証金でうめあわせる。⑤必要なことがあればそのつど全員参加で討議するが、全ての最終決定は、当分の間、岡田米雄氏にまかせる。

①〜④の条件を見てもわかるとおり、「全量買い取り」「価格補償」「生産者による価格決定」という条件を提示し、有機農業への転換を農家の生活もろとも全面的に支える姿勢が読み取れる。

1975年には、有吉佐和子の『複合汚染』の影響で消費者会員が1000名を超え、生産グループの農家も倍以上に増加した。同年8月に生産者と消費者が会費を出し合い、建設した「みんなの家」が完成した。みんなの家を、お互いの交流拠点として、援農も始まった。1976年10月からは食べる会の中で自主援農グループが立ち上がった（1979年に縁農と改称）。

「〈みんなの家〉ができると同時に、自主援農班というものもできました。これは『食べる会』の自主的な援農です。草とり、野菜の片づけ、収穫、誰にでもできる仕事を主に、希望で月1回来ていただくわけです。生産者は昼は忙しいので、夜、集まって膝を交えた話をしていくうちに、交流が深まりまして、消費者と生産者という立場を超えた人間関係が三年目あたりからできてきたわけです[10]」

その後、夏野菜もある程度できるようになると、出荷・配送の回数が増え、多品目の生産も可能になった。生産グループは有機農業に取り組むだけではなく、消費者と運営委員会を開き、配送、縁農の受け入れ、交流など提携の仕組みを一緒に構築し、人間的なつながりを深めていった。

農産物自給運動の開始

高度経済成長期以降、農村にも都市の消費生活が浸透し、農家の暮らしは大きく変化していった。農家の食生活も買って食べる、インスタント食品に頼るなどが一般的になっていった。

こうした背景から、農協婦人部や生活改善グループが安全な食べものの自給や健康づくり、暮らしの改善を目的に、農産物自給運動を開始した。つまり、「自給運動は生産基盤をもった農家ですら〝作る人〟から〝食べるだけの人〟になった〝他給〟の生活から、再び〝作り、そして食べる人〟になるための運動であり、そして農家生活の自律性をとりもどす運動[11]」であった。このような農家の自給から、農産加工、朝市や無人市、農産物直売所など直売活動、都市消費者との提携、学校給食への供給が展開した。

農産物自給運動の発祥の地は、秋田県の仁賀保町《にかほまち》農協（現・ＪＡ秋田しんせい）と言われ、その開始が１９７０年で自給運動元年にあたる。１９７０年代後半以降、農産物自給運動を開始した農協が多い。「減反開始への農家の自衛的対応として始まり、その後減反強化や高度成長から低成長への移行につれて広がってきた[12]」という。

農産物自給運動は、有機農業と親和性がある。その目的が安全な食生活、自給、健康づくりにあるため、その結果として有機農業という選択があったと考えられる。

仁賀保町農協（秋田県仁賀保町）

仁賀保町農協の取り組みについて見ていく[13]。仁賀保町（現・にかほ市）は、１９５５年に平沢町、院内村、小出村の三町村が合併し、農協は三つの農協が合併して１９６３年に誕生した。高度経済成長期以降の地域農業と農家の食卓の変化、１９７０年の減反政策開始をきっかけに自分たちの健康と暮らし

図表３－２　仁賀保町農協による自給運動の特徴

項目	概　要
目標	人、農、食、むらの再生
家庭での目標	自然を生かし家族の能力を生かした役割分担
暮らしと生産	生活のなかに生産が重なる点を重視
農業の考え方	家族が安心して生産し、安心しておいしく食べられる食べものの生産
農産物	家族が食べたいものをより近くの人と交換、または譲与、そして販売
そのこころ	協同、協力、連帯、真実、永遠、定住、信頼
具体的取り組み	自給畑、有機農業、自然卵、有畜農業（高齢者和牛貸し付け）、農の生け花、婦人部集落共同畑、農協青空市、百栽館、共同加工（みそ、納豆、きなこ、しょうゆ）、作物見本園、地元生協と提携（有機野菜、朝どり野菜、自然卵、納豆ほか）

資料：佐藤喜作（1991）『農協が築く自給自立運動：秋田県・仁賀保町農協の実践』家の光協会、p.127、表２を修正し、筆者作成

を守り、確かな農業を守る運動として農産物自給運動を開始した。

減反政策では、仁賀保町でも水田面積の１割が割り当てられ、１割の収入減、農業所得は２割近い減収になり、米価の切り下げよりも農業に与える影響が大きかったという。購入食品が浸透するなかで、食品公害の問題も起こっていた。日常の食べものを自給することで、現金収入の減少分を補い、安全な食べものの自給を目指したのである。

当初、婦人部の座談会で自給運動の話題を提供しても「カネさえあれば何でも買える」という反応で、理解を得られなかったが、具体的な数字を示して自給の意味を伝え、「20万円自給運動」「鶏10羽運動」を提案したところ手ごたえがあったという。これに残飯利用の豚一頭運動も加わった。その後、お米も加えて作目、品目が拡大すると、「40万円自給運動」「50万円自給運動」となり、暮らしそのものの自給へと運動が発展していった。

仁賀保町農協で農産物自給運動を指導した佐藤喜

作（前・日本有機農業研究会理事長）は、**図表3－2**のとおり特徴を整理し、自給運動の心を以下の4点に要約している。

〈自給運動の心〉

1　健康を守るため、健康体をつくるためである。ほんとうの食べもの、ほんものを生産して消費するためである。

2　人間性の復活。今は何でもカネさえあれば買えると勘違いしているが、むしろカネで買えない多くのものがあり、そのカネで買えないものを求めるのであり、そのものこそ人間として希求してやまないものである。

3　家族を大事にしあう。家族を大事にするというのは、毎日遊んでうまいものを食べさせることではない。老若男女を問わず家族の一員としてかけがえのない人としての居場所があり、居がいがあれば、生きがいが生まれるのである。そのためにはそれぞれの能力に応じた仕事を分担することで、最も手近な自給運動はこれにふさわしい。

4　農業の復活、農業生活の復活。

5　郷土の土から豊かな健康を生み出す。

〈自給運動を支える農業の基本原理〉

また、このような自給運動を支える農業の基本原理として、以下の4点を挙げている。

1　土から遊離したものは農業ではない。土によって食べものを生産するのが農業であり、それ以外の方法によるものは工業である。

2　農業は良質、安全、美味なるほんものの食べものを生産することである。

百彩館（直売施設）と百栽館（健康長寿の施設）は地域の中核施設

良質・安全・美味の農産物が百彩館の売り場に並ぶ

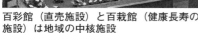

3　最良の食べものの条件は、それを生産する土と食べる口の距離が短いこと、収穫されて食べられるまでの時間が短いこと、の二点に集約される。

4　農業は生命の継承である。農業が無限に続く条件は自然が生かされなければならないことであり、それはわがままな人間の口の要求に合わせた農業では成り立たない。したがって自然のあらゆる生きものの生命を受け継ぎ、受け渡していかなければならないと考える。一旦滅んだ種の再生は、いかなる先端技術を駆使したとしても不可能なのである。

佐藤は、「こうして農を考え自給を進めると、必然的に現代農業に対する疑いが持たれ、結局有機農業がみえてくる」(14)と述べている。仁賀保町農協では、1979年に仁賀保町農協有機農業研究会が発足し、1980年以降、有機農業を意識して広げていった。

脱都会派による農場づくり

1970年代以降、農業を意識的に選択する独立就農者が現れ始めた。当時は大学紛争、全共闘運動にかかわり、影響された若者たちが社会のあり方を問い直し、大地に根ざした生き方を求めて農村に移住した。例えば、「興農塾」(北海道標津町《しべつちょう》古多糠《こたぬか》)、第4章で取り上げる消費者自給農場「たまごの会八郷《やさと》農場」(茨城県八郷町《やさとまち》)、「耕人舎」(和歌山県那智勝浦町色川地区)(15)などが挙げられる。

茨城県石岡市八郷地区

石岡市八郷地区の動きについて見ていく。茨城県石岡市は、2005年10月に旧石岡市と旧八郷町が合併して誕生した。八郷地区は、県のほぼ中央に位置し、筑波山などの山々に囲まれた中山間地域である。

八郷地区では、多様な背景から有機農業の取り組みが始まり、個性ある実践が根付いている。現在、60～70組の有機農業者がいるという。その起点がたまごの会八郷農場である。たまごの会八郷農場は、暮らしの実験室やさと農場として生まれ変わり、若いスタッフが運営の中心を担っている。暮らしの実験室は、現在も「特定の誰かのものではなく、開かれた公共の場」として有機農業の実践とともに、研修生の受け入れや多彩な農業体験の場を提供している。[16]

また、たまごの会八郷農場の専従スタッフであった魚住道郎《みちお》（魚住農園、現・日本有機農業研究会理事長）は、1980年に独立就農し、水田、畑作、平飼い養鶏を組み合わせた有畜複合経営を実践している。1983年に独立就農した筧次郎《かけい》（鹿苑農場《ろくおん》）は、2002年に農のある暮らしをつうじて、自給と自立を目指すスワラジ学園を開校した（現在は閉校）。八郷地区には、筧の思想と実践に共感する独立就農者も多くいる。第5章で取り上げるJAやさと有機栽培部会は、組織的に独立就農者を育成し、八郷地区における有機農業の広がりを支えている。

興農塾

興農塾の取り組みについて見ていく。[17] 創設者の一人である本田廣一（1947‐2018年）は、日本大学農獣医学部獣医学科に在籍し、日大全共闘農獣医学部闘争委員会の書記長として全共闘運動の中心にいたが、闘争中に逮捕され、拘置所で農業を志した。1969年に東京でビルの清掃会社を立ち上げ、農場の開設資金を貯めた。

1976年3月、2家族と単身者1名の9名で北海道標津町古多糠に入植した。入植当時の面積は43ha、本田の夢は「でっかい牧場」をつくることであった。

「アメリカに勝つためには、日本で最低でも100haの面積はやりたい。その土地で集約型農業をやれば、アメリカ型粗放農業に対して5倍くらい効率性が上がり、500haの規模に匹敵する」

こうした考えのもと、目指した農業の形が有機農業、有畜複合総合農業であった。「地域住民の食する物は基本的には地域で自給すること」が大切で、そのためには「地域住民が、肉体的・精神的健康を守る意識を高める必要」があり、「その基礎は大地を健康にする思想である」と述べている。そして、

「土を健康にするには、有畜複合総合農業に力点を移し」、「生産者と消費者の有機的な建設的結合」によって流通をつくり出すことを考えていた。

入植後は、興農塾として酪農（親牛：25頭）を開始し、野菜の自給にも取り組んだ。牛の糞尿は水分が多く、発酵にしくいが、水分調整と発酵を促進する微生物の増殖を目的に、北海道で初めてバーク（木の皮）を利用した堆肥づくりに挑戦した。土づくりを進めて草地を育てた結果、１９８４年には乳量の出荷量が町内でトップになったという。

その後、10年目の１９８６年に１２３ha、親牛：60頭、育成牛：70頭、肥育牛：４００頭となり、２家族と単身者7名の17名で集団化農場の基礎が固まりつつあった。１９８８年には興農塾を法人化し、「興農ファーム」に改称した。

本田は、放牧と国産飼料の自給にこだわった。１９８２年から、飼料の自家配合を開始した。１９９５年からは農業残渣物や食品残渣物を自家配合し、国産・北海道産の飼料化を進め、国内自給率が90％に達した。２０１０年に１３７ha（うち１００haで牧草を栽培）、ホルスタイン種肉牛：１０００頭、アンガス種母牛：80頭、母豚：85頭、肉豚：９００頭まで経営規模を拡大した。２０１２年からは、飼料の完全自給に向けて菜種、ソバなどの栽培も開始した。

有機農業運動の始まり

日本有機農業研究会の発足

日本における有機農業運動の始まりは、１９７１年10月17日に有機農業研究会（１９７６年に日本有機農業研究会と改称、２００１年にＮＰＯ法人化。以下、研究会名を日本有機農業研究会と総称）が発足したことからである。この時に、初めて「有機農業」という言葉が世の中に送り出された。日本有機農業研究会の創設者で、農林中央金庫理事や全国農業協同組合中央会（JA全中）常務理事、財団法人協同組合経営研究所理事長などを歴任した一樂照雄（1906－1994年）は、協同組合運動と有機農業の普及に尽力し、日本の「有機農業の父」と称されている。

日本有機農業研究会は、一樂が医学者や農学者、協同組合関係者とともに開催した農と医の懇話会を母体としている。当時のメンバーを見ると、生産者と消費者の集まりというよりは、関心を持つ学者や関係者が集まるサロンのような研究会だったが、その中には農家の体調変化を敏感に感じ取っていた医師も参加していた(18)。

「有機農業の父」と称される一樂照雄

山形県高畠町にある一樂照雄の記念碑。「子どもに自然を老人に仕事を」と御影石に彫り込んである

例えば、農村医療の確立に尽力した梁瀬《やなせ》義亮《ぎりょう》（1920－1993年、財団法人慈光会：奈良県五條市）と若月俊一《としかず》（1910－2006年、長野県厚生連佐久総合病院：長野県臼田町）、竹熊宜《よし》孝《たか》（公立菊池養生園診療所：熊本県菊池市）などである。とりわけ、一樂にとって梁瀬との出会いが日本有機農業研究会を結成するきっかけになった。1971年2月に梁瀬から「個人の努力だけでは影響力があまりに乏しい。全国的に運動を展開する組織体でもできればよいのだが」という話があり、翌日から動き始めたという(19)。

梁瀬義亮

梁瀬の実践について見ていく(20)。梁瀬は戦後、兵庫県尼崎病院に勤務した後、実家のお寺で内科を開業した。

1957年頃から、肝炎を疑わせ、口内炎が激しく、脳障害や神経障害を訴える患者が増えてい

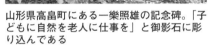

た。当時使用されていたパラチオン（商品名：ホリドール）という農薬が軍の毒ガスと同じであることを知った梁瀬は、自ら畑のキャベツにパラチオンの1000倍溶液を散布し、葉の搾り汁を毎日飲んで人体実験を行った。そうすると、15日後に下痢が始まり、体が怠《だる》くなり、些細なことで子どもをどなりつけるようになったという。

患者の症状を丁寧に観察し、徹底した生活調査を行うなかで、難病、奇病多発の最大原因が農薬と化学肥料を使用した農作物であることにいち早く気付き、自らの身体で残留農薬の毒性を確かめた。

1959年6月、農薬の害を訴える梁瀬の記事が新聞に載ると、市内の卸売市場関係者から猛烈な反発があった。迫害を受けた梁瀬を助けるために、町の有志が健康を守る会を結成した。同年、梁瀬は農薬の健康被害を告発した『農薬の害について』というパンフレットを自費出版し、全国各地を講演でまわり、啓蒙活動を続けた。

梁瀬は、農薬と化学肥料に依存する近代農業を「土を殺し、益虫を殺し、人を殺す死の農法」と警鐘を鳴らし続けた。1970年に慈光会を発足し、翌71年に財団法人として認可された。

専属農場で有機農業を実践し、協力農家とともに、有機野菜や果物、無添加の加工食品などの販売にも取り組んだ。

日本有機農業研究会の設立

日本有機農業研究会の設立総会には、足立仁《まさし》（玉川大学）、横井利直（東京農業大学）、深谷昌次（東京教育大学）、守田志郎（暁星商業短期大学）、若月俊一（佐久総合病院院長）、河内省一（医師）、勝部欣一（日本生活協同組合連合会）、松村正治（全国農協中央会）、荷見《はすみ》武敬《たけよし》（農林中央金庫）、梁瀬、露木、などが参加し、代表幹事には塩見友之助（元・農林事務次官）、常任幹事として一樂、事務局に築地文太郎（後に事務局長、協同組合経営研究所）らが就任した。結成趣意書（日本有機農業研究会「土と健康」2021年10月号掲載）を示す。

結成趣意書[21]では、農業の近代化が厳しく批判さ

日本有機農業研究会　結成趣意書

科学技術の進歩と工業の発展に伴って、わが国農業における伝統的農法はその姿を一変し、増産や省力の面において著しい成果を挙げた。このことは一般に農業の近代化と言われている。

このいわゆる近代化は、主として経済合理主義の見地から促進されたものであるが、この見地からは、わが国農業の今後に明るい希望や期待を持つことは甚だしく困難である。

本来農業は、経済外の面からも考慮することが必要であり、人間の健康や民族の存亡という観点が、経済的見地に優先しなければならない。このような観点からすれば、わが国農業は、単にその将来に明るい希望や期待が困難であるというようなことではなく、きわめて緊急な根本問題に当面していると言わざるをえない。

すなわち現在の農法は、農業者にはその作業によっての傷病を頻発させるとともに、農産物消費者には残留毒素による深刻な脅威を与えている。また、農薬や化学肥料の連投と畜産排泄物の投棄は、天敵を含めての各種の生物を続々と死滅させるとともに、河川や海洋を汚染する一因ともなり、環境破壊の結果を招いている。そして、農地には腐植が欠乏し、作物を生育させる地力の減退が促進されている。これらは、近年の短い期間に発生し、急速に進行している現象であって、このままに推移するならば、企業からの公害と相俟って、遠からず人間生存の危機の到来を思わざるをえない。事態は、われわれの英知を絞っての抜本的対処を急務とする段階に至っている。

この際、現在の農法において行なわれている技術はこれを総点検して、一面に効能や合理性があっても、他面に生産物の品質に医学的安全性や、食味の上での難点が免れなかったり、作業が農業者の健康を脅かしたり、施用する物や排泄物が地力の培養や環境の保全を妨げるものであれば、これを排除しなければならない。同時に、これに代わる技術を開発すべきである。これが間に合わない場合には、一応旧技術に立ち返るほかはない。

とはいえ、農業者がその農法を転換させるには、多かれ少なかれ困難を伴う。この点について農産物消費者からの相応の理解がなければ、実行されにくいことは言うまでもない。食生活での習慣は近年著しく変化し、加工食品の消費が増えているが、食物と健康との関係や、食品の選択についての一般消費者の知識と能力は、きわめて不十分にしか啓発されていない。したがって、食生活の健全化についての消費者の自覚に基づく態度の改善が望まれる。そのためにもまず、食物の生産者である農業者が、自らの農法を改善しながら消費者にその覚醒を呼びかけることこそ何よりも必要である。

農業者が、国民の食生活の健全化と自然保護・環境改善についての使命感にめざめ、あるべき姿の農業に取り組むならば、農業は農業者自身にとってはもちろんのこと、他の一般国民に対しても、単に一種の産業であるにとどまらず、経済の領域を超えた次元で、その存在の貴重さを主張することができる。そこでは、経済合理主義の視点では見出せなかった将来に対する明るい希望や期待が発見できるであろう。

かねてから農法確立の模索に独自の努力をつづけてきた農業者や、この際、従来の農法を抜本的に反省して、あるべき姿の農法を探求しようとする農業者の間には、相互研鑽の場の存在が望まれている。また、このような農業者に協力しようとする農学や医学の研究者においても、その相互間および農業者との間に連絡提携の機会が必要である。

ここに、日本有機農業研究会を発足させ、同志の協力によって、あるべき農法を探求し、その確立に資するための場を提供することにした。

趣旨に賛成される方々の積極的参加を期待する。

昭和 46 年 10 月 17 日

れ、有機農業の意義と必要性が述べられている。有機農業運動は、農業の近代化、食と農の分断、1970年から本格的に始まった減反政策などに対する根底的批判から始まり、いわば戦後農政に対する社会的挑戦であった。社会運動としての有機農業の原点がこの結成趣意書を読むとよくわかる。

その後、日本有機農業研究会は有機農業に取り組む生産者、安全な食べものを求める消費者の参加を伴いながら、有機農業運動の全国的な拠点として大きな役割を果たすことになる。

各都道府県の動きを見ると、1973年に兵庫県有機農業研究会、1974年には熊本県有機農業研究会などが設立され、生産者、消費者、医者、協同組合関係者、研究者など有機農業に関心を寄せる多様な人びとが集う場もつくられていった。

近代農業への対抗と自給の再生

有機農業運動がつくり出した近代農業に対する対抗軸が生産者による豊かな自給を消費者の食卓に直接届ける産消提携の実践であった。生産者の「産」と消費者の「消」を取って、産消提携と呼ばれているが、一部では生消提携と呼ぶこともある（以下、提携）。

金子美登（1948-2022年、埼玉県小川町の有機農家）は、「いのちを守り、永続的な自給と自立を目指した有機農業、有畜複合経営を実践することで、その自給の延長線上に消費者の〝自給〟をもはかろう[22]」という考えのもと、提携に取り組んだ。星寛治（山形県高畠町の有機農家）は、「百姓の最大の力は、自分の力で考え、自分の体と技を使って物を生み出し、それを消費者にお届けする──つまり生産と流通と暮らしというトータルな人間の営みすべてを自主管理するというところにある[23]」と述べている。

日本の有機農業運動が提携と同義で語られるのは、農業の近代化によって解体された自給を生産者が有機無農薬・少量多品目・有畜複合にもとづいて再生し、その豊かな食卓を消費者に届ける「自給の社会化」と同時に取り組んでいたからである。これが有機農業運動の原点となり、提携という具体的な実践が生まれた。

減農薬運動の立脚点

減農薬運動は、１９７８年に八尋《やひろ》幸隆（福岡県筑紫野市の有機農家）の水田で始まり、当時福岡県の農業改良普及員であった宇根豊の提唱によって広がった減農薬稲作の実践である。[24]　１９８３年から福岡市農協の減農薬稲作研究会の取り組みから広範囲に展開を見せ、その後、自然環境へのまなざしを持った環境稲作に発展した。

「農のめぐみ」を子どもたちに説明する宇根豊（左）

稲の株元に虫見板をつけ、たたき落とした虫を観察

農業の近代化による農薬使用は、複合的な要因で普及した。例えば、農薬ビジネスの隆盛、省力技術の一環、商品価値の追求、地力の低下、抵抗性を持つ害虫の出現、営農指導などである。近代農業の技術として、防除暦どおりに農薬散布するのが当たり前で、兼業化の進展もあり、地域全体で散布するという共同性が求められた。熱心な農民ほど農薬をよく散布し、防除暦より農薬散布の回数が少ない農家は〝変わり者〟〝手抜き〟と見られるほどだったという。

こうした防除暦に代表される営農指導は、農民の主体性を無視した「農業技術のマニュアル化」と言い換えることができる。その基準は、害虫や病気の出方が多い水田を想定し、設定されていたため、不必要な防除と過剰散布が常態化したのである。

宇根は、ある農民から「普及員は必要以上に農薬を散布させている」という声を聞き、営農指導をする農業改良普及員という立場でありながら、減農薬運動を主導した。

その特徴は、消費者運動の力が強く反映され、無農薬という決意の重要性を説く有機農業運動とは異なり、あくまで農民の立場として発信し、農業技術として定着をした点にある。具体的には、無農薬に至る道筋を示すために「減農薬のあらゆるレベルを重視」「できる限りデータによって記録」、「常に運動論を意識し、表現を工夫」した。

最初は過剰な農薬散布の回避であったが、徐々に農民が主役の技術として定着するようになる。1979年に農民が「虫《むし》見《み》板《ばん》」（宇根が改良し、命名）という道具を発明し、虫たちを観察する機会を提供した。農薬散布が必要かどうかを決めるのは農民自身であり、この虫見板の普及により、減農薬運動は理念ではなく、農業技術として定着した。これは、農薬不使用という前提の有機農業からは生まれない技術であった。つまり農民が主体性を回復し、自然と向き合う関係性を獲得する実践であったと言える。

有機農業と提携の社会的広がり

提携は、1970年代前半から各地で自然発生的に始まり、1970年代後半から80年代前半にかけて広がりを見せた。当時、農薬散布による人体への被害、DDTやBHC（有機塩素系の殺虫剤。現在は使用、製造とも禁止）による牛乳の農薬汚染、母乳からの残留農薬の検出、合成洗剤や食品添加物への不安など農薬・食品公害、環境汚染が暮らしに悪影響を与える身近な問題として起こっていた。

天野慶之（1914－2002年、元・東京水産大学学長、元・日本有機農業研究会代表幹事）は、1953年に『五色の毒：主婦の食品手帖』（真生活協会）を発表し、食品添加物の危険性と有害性を警告した。たまごの会の中心メンバーであった高松修（1935－2000年、元・東京都立大学助手、元・日本有機農業研究会常任幹事）は、

１９７０年代より石油タンパクやロングライフミルクへの反対運動を主導した。

海洋生物学者・レイチェル・カーソン（１９０７－１９６４年、アメリカ）が１９６２年に発表した『Silent Spring』は、農薬や化学物質の危険性を告発し、環境問題への関心を喚起した。日本では、１９６４年に『生と死の妙薬：自然均衡の破壊者〈化学薬品〉』、その後、１９７４年に『沈黙の春』というタイトルで改版、文庫化された。

前にも触れたが、有吉佐和子（１９３１－１９８４年）は、１９７４年10月から翌年６月まで朝日新聞朝刊の小説欄に「複合汚染」の連載を開始した（１９７５年に上下巻で新潮社より単行本化、１９７９年に文庫化）。『複合汚染』は、農薬と化学肥料、食品添加物などが食べもの、環境、人体に与える影響について、入念な取材で世に問うた金字塔的小説である。その中では、近代農業の負の側面だけではなく、当時一般的にはほとんど知られていなかった有機農業の生産現場、有機農業運動についても取材し、農業の未来を克明に記している。

『複合汚染』の内容は、社会に衝撃をもって受け入れられ、提携の広がりを決定付けた。有機農業に転換する生産者が増加し、すでに有機農業に取り組んでいる生産者は農薬被害からの自衛に加えて、今まで以上に安全な食べものを供給するという意識を強く持つようになった。消費者にとっては、有機農家とつながり、暮らしを変えていく具体的な行動＝提携運動へと向かわせるきっかけになった。

次頁の**図表３－３**のように提携の方法は、多様に展開した。規模が大きい取り組みは、生産者グループ－消費者グループというグループ間提携で広がり、複数の消費者グループと提携することもあった。個人の農家であれば、複数の消費者、もしくは小さな消費者グループとの提携、さらに複数の生産者と連携しながら消費者グループと提携するパターンも見られた。１９７０年代は、消費者運動の力も強く、消費者グループが生産者グループと一緒に提携の仕組みづくりを行うグループ間提携が有機農業

図表３－３　提携の方法

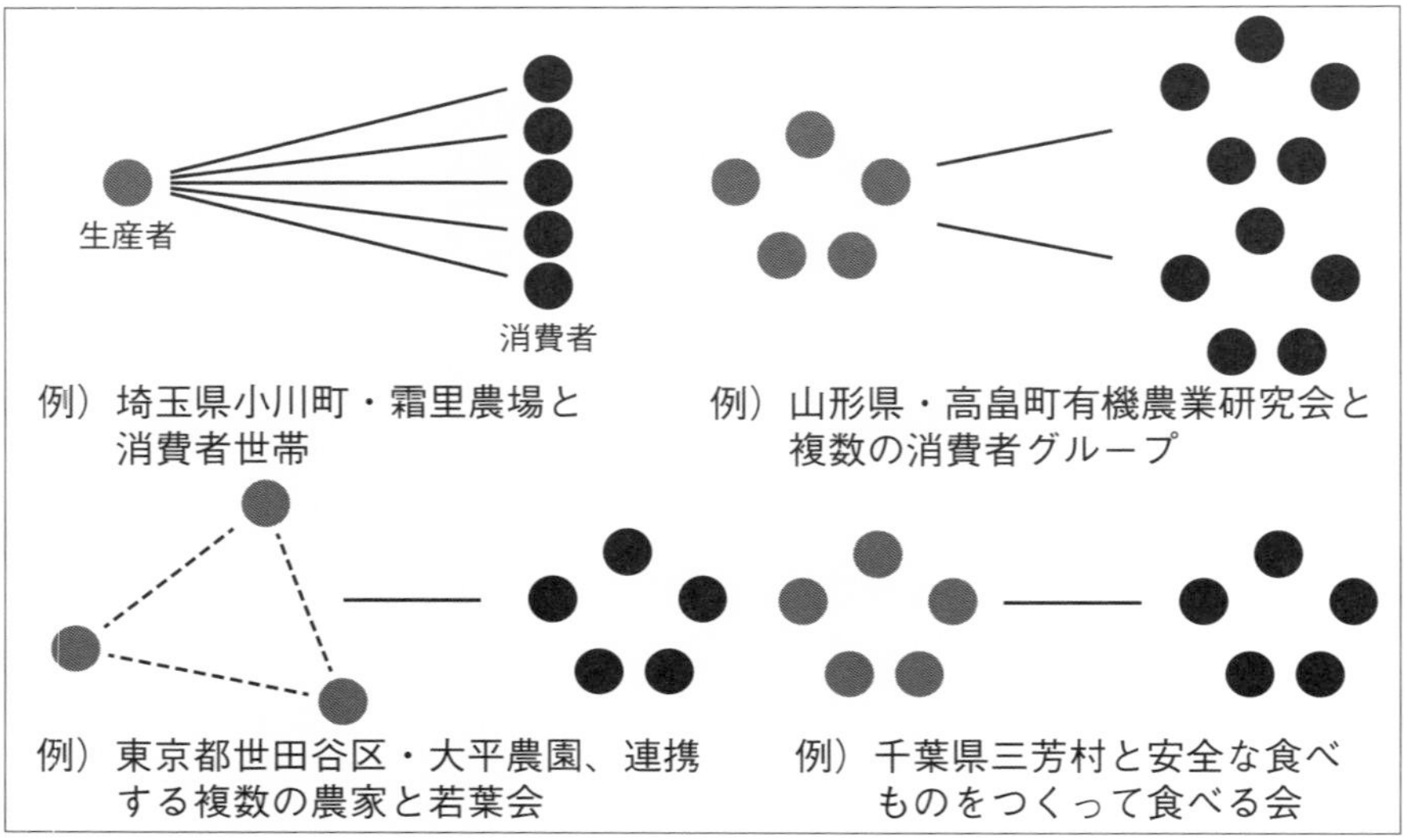

資料：筆者作成

の広がりを支えていた。

例えば、槌《つち》田《だ》劭《たかし》（京都大学工学部助教授、後に京都精華大学教授）は、1973年に使い捨て時代を考える会（京都市、2001年にNPO法人化）を設立し、1975年には生産者と消費者をつなぐ流通部門として安全農産供給センターを創設した。「食べ手」が「作り手」を支え、協働する関係性を現在も続けている。

農産物の購入は、共同購入方式と個別宅配方式に分かれる。共同購入方式は、会員数、取扱量が多いグループ間提携で採用される。生産者が荷造りと班（ポスト、ステーションなど）ごとに直接配送し、消費者が荷受けと仕分けを行い、仕分けした農産物をそれぞれ受け取りにくるという流れである。消費者は、「食べる」だけではなく、生産者とともに流通も担ったのである。

個別宅配方式は、個人の農家による規模が小さい提携で採用される。生産者が仕分けと荷造りを行い、段ボールやトレイに詰め、自家配達か宅配便を利用して配送する。1回につき7～10品目ほどの野菜、米などが入る。消費者による流通へのかかわりは、共同購入方式と比べて小さい。

提携の原理と関係性の重視

1978年11月、長野県の佐久総合病院で日本有機農業研究会の第4回大会が開催された。そこで、日本有機農業研究会は生産者と消費者の提携の方法、いわゆる提携10か条を次のとおり発表した(25)。

提携10か条

①生産者と消費者の提携の本質は、物の売り買い関係ではなく、人と人との友好的付き合い関係である。すなわち両者は対等の立場で、互いに相手を理解し、相扶け合う関係である。それは、生産者、消費者としての生活の見直しに基づかねばならない。

②生産者は消費者と相談し、その土地で可能な限りは消費者の希望する物を、希望するだけ生産する計画を立てる。

③消費者はその希望に基づいて生産された物は、その全量を引き取り、食生活をできるだけ全面的にこれに依存させる。

④価格の取り決めについては、生産者は生産物の全量が引き取られること、選別や荷造り、包装の労力と経費が節約される等のことを、消費者は新鮮にして安全であり美味な物が得られる等のことを十分に考慮しなければならない。

⑤生産者と消費者とが提携を持続発展させるには相互の理解を深め、友情を厚くすることが肝要であり、そのためには双方のメンバーの各自が相接触する機会を多くしなければならない。

⑥運搬については原則として第三者に依頼することなく、生産者グループまたは消費者グループの手によって消費者グループの拠点まで運ぶことが望ましい。

⑦生産者、消費者ともそのグループ内において

は、多数の者が少数のリーダーに依存しすぎることを戒め、できるだけ全員が責任を分担して民主的に運営するように努めなければならない。ただしメンバー個々の家庭事情をよく汲み取り、相互扶助的な配慮をすることが肝要である。

⑧生産者および消費者の各グループは、グループ内の学習活動を重視し、単に安全食糧を提供、獲得するためだけのものに終わらしめないことが肝要である。

⑨グループの人数が多かったり、地域が広くては以上の各項の実行が困難なので、グループ作りには、地域の広さとメンバー数を適正にとどめて、グループ数を増やし互いに連携するのが、望ましい。

⑩生産者および消費者ともに、多くの場合、以上のような理想的な条件で発足することは困難であるので、現状は不十分な状態であっても、見込みある相手を選び発足後逐次相ともに前進向上するよう努力し続けることが肝要である。

提携の本質と特徴

提携10か条では、生産者と消費者が一緒に流通をつくること、暮らしを見直すことが強調されている。こうした点を踏まえた上で、その特徴について見ていく。

〈相互扶助の人間関係〉 一つ目は、生産者と消費者の信頼関係にもとづき、相互扶助を目的とした人間的な付き合いを築くことである。単なる農産物を販売する人、購入する人という一過性ではなく、お互いがより近い、友好的な人間関係を築き、暮らしを助け合う関係性に提携の本質的特徴を見出すことができる。消費者は生産者の生活保障や生産コストを基準に再生産可能な価格で代金を支払うが、そのような買い支えは信頼関係の重視によって実現した。

〈相互理解を深める〉 二つ目は、信頼関係のために生産者と消費者が互いに理解し合うことである。実際、栽培計画や出荷数量、価格を決定する意見交換会、より良い社会に向けた価値観の共有を図る学習活動、配送時の交流、手紙やニュースレターの同封、援農（縁農）、収穫祭や現地見学会など生産者と消費者が直接顔と顔を合わせ、相互理解を深める機会が多く設けられた。

〈計画的な生産と全量引き取り〉　三つ目は、生産者と消費者が顔と顔が見える関係性であるからこそ、お互いが生産者として、消費者としてその立場で責任ある行動を求められたことである。生産者は高く売りたい、消費者は外観の良いものを安くかつ欲しいときに買いたいという市場原理にもとづいた行動ではなく、一緒に生産計画を立て、生産者は生産計画に合わせ、質の良い農産物を消費者に提供し、消費者は提供された農産物を全量引き取るとともに、自然に左右されるなど生産者が抱える事情を理解し、工夫しながら食生活を全面的に合わせた。

〈適正規模の運営〉　四つ目は、適正規模で運営することである。提携を持続するためには、生産者も消費者も顔と顔が見える範囲内のグループにとどめ、規模が大きくなる場合は同じようなグループを新たにつくった上で、グループ間連携を勧めている。

以上のような点から、一樂はできるだけ安く買いたい、高く売りたいという動機で中間経費を排除しようとする「産直」「直売」と、信頼を土台にした相互扶助を目的とする「提携」を明確に区別している[26]。

提携10か条の内容を総合的に見ると、厳しい条件で提携に取り組んでいたという印象を受けるが、この条件を踏まえなければ提携ではないということではない。有機農業運動の胎動期で、モデルケースが存在していなかったため、これに近づこうと努力し、一つの指針として機能していたと言える。

有機農業への転換は、消費者からの理解がなければ実現できない。有機農産物を正当に評価する流通が未整備で、そのぶん、消費者による直接的な支えが求められていたのである。有機農業運動の特徴として、消費者運動の力が強かったものの、食生活は大きく変化していた。消費者の意識変革を生産者が自らの農法を改善しながら行うことが有機農業運動の目的の一つということが結成趣意書では述べられている。

生命を大切にする社会に向けて

有機農業運動が始まった当時は、技術的な未成熟もあり、外観が悪い、形が不揃いなど市場流通で交換価値の高い農産物が生産できず、正当な評価を得ることができなかった。

有機農家は市場出荷できなかった（しなかった）ため、消費者は有機農産物を欲しくても入手することができない状況に置かれていた。

食と農のつながりを再構築

こうした状況から、生産者と消費者が直接つながることが必然的に求められ、提携という手法が自然発生的に広がった。提携は、生産者と消費者が出会い、一緒に流通をつくるという点に独自性と独創性があった。

消費者は、食品添加物や農薬に汚染された食品に取り囲まれ、化学物質による環境破壊が進み、身体や生命が脅かされ、生活の自立性を失っていくなかで、安全で自立した生活を生産者と一緒につくろうという思いで提携に取り組んだ。

その中心は、小さな子どもを抱える母親＝専業主婦であった。家庭を守る主婦層が自分の家族、子どもの健康と将来を考え、安全な食べものを主体的に選択していった。

生産者は、有機農業の実践をつうじて豊かで賑やかな食卓を実現し、消費者に農産物を届けた。消費者は、生産者の生活保障や生産コストを基準に再生産可能な価格で買い支え、旬を大切にしながら食卓を構成したのである。

このように、提携は生産者と消費者が自らの暮らしを見直し、主体性を獲得していく共同作業であっ

図表3－4　有機農業運動の形態と理念

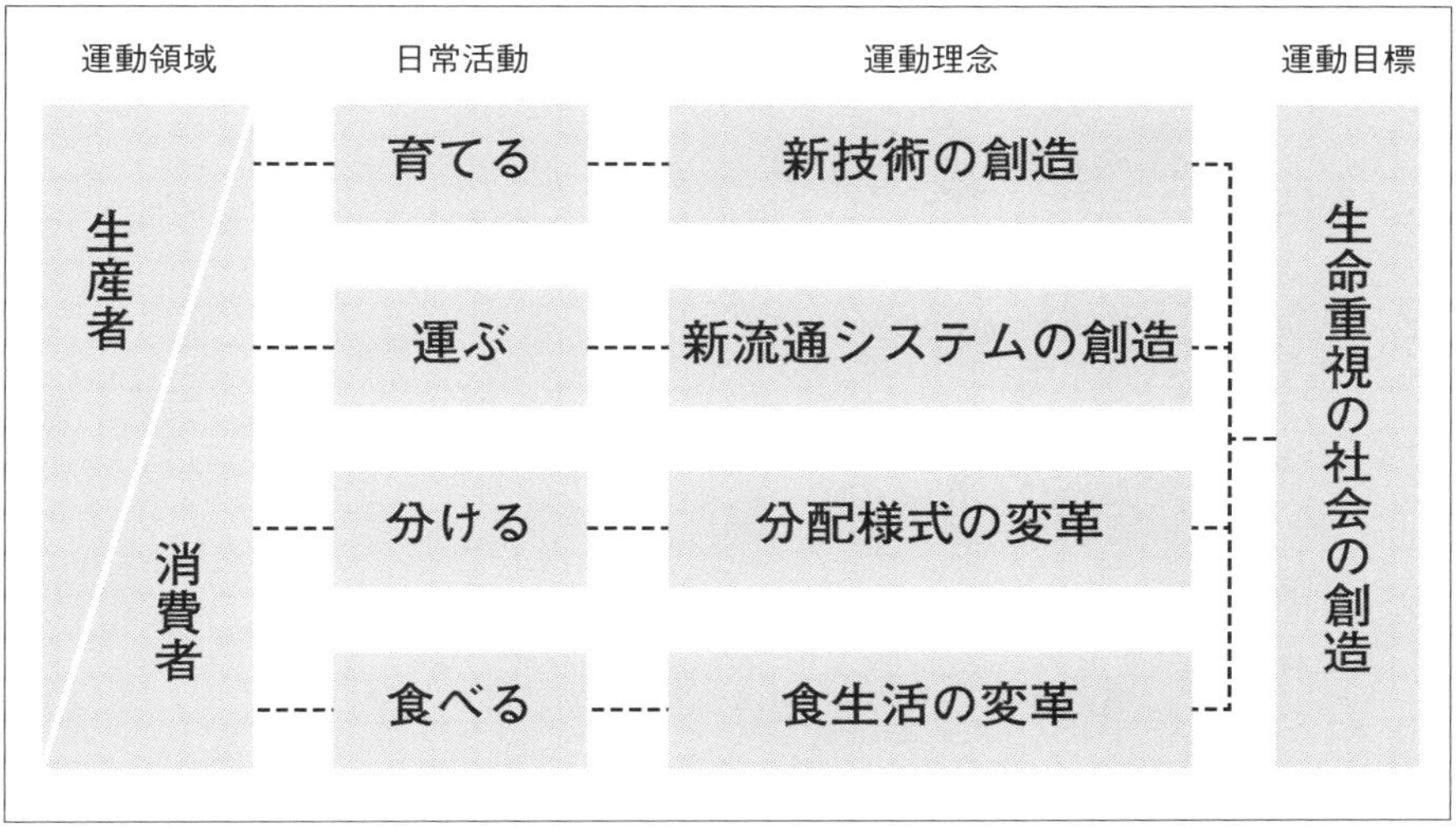

資料：保田茂（1986）『日本の有機農業：運動の展開と経済的考察』ダイヤモンド社、p.162、図8を引用

た。そこからは、単に農産物を商品として出荷するという生産行為、単に代金を支払って農産物を購入するという消費行動以上の関係性が生まれた。つまり、断絶状態にあった両者の物理的距離および人間的・精神的距離を再び縮め、本来あるべき食と農のつながりを再構築したと言える。

暮らしから始める社会変革運動

保田茂は、**図表3－4**のように有機農業運動の形態と理念を整理している。「有機農業的な技術は、それにふさわしい流通のあり方と消費のあり方があって初めて社会的に定着」するものであり、「有機農業運動の具体的な形態は、農産物を有機農業的につくり、それを運び、分け、食べるという行為を日常的に積み重ねていく[27]」ことであった。

そして、こうした日常的な行為をつうじて、生命重視の社会を創造するというビジョンを示した。さらに言うと、有機農業は手段であり、有機農業が可能な社会をつくることが有機農業運動の目的であった。提携は、暮らしから始める社会変革運動という側面が強かった。

このような有機農業運動の理念、価値を共有する多様な人びと、団体とのネットワークをつうじた活動を展開した点も特徴的である。例えば、ゴルフ場開発反対運動、反原発運動など巨大開発に対する運動やエコロジー運動などとも共鳴し、つながりを深めていった。

提携におけるお金の意味

有機農業運動は、単に農薬と化学肥料を使用しないという生産技術の個別問題を解決するのではなく、提携という具体的な暮らしの実践をつうじて、農業を生産から流通、消費まで結びつけた社会関係として捉え、そのプロセスをトータルに創造することを目指した。

生産者と消費者の関係性

提携も生産者が出荷し、消費者が代金を支払って農産物を購入するという点で従来の売買関係と何ら変わらない。ところが、誰に向けてどのように生産するのか、どこで（誰から）、どのような思いで農産物を購入するのかなどといった意味合いを農産物に乗せることができるのであれば、従来のように農産物を商品として扱う生産者と消費者の立場ががらりと変わる。

この点は、多辺田政弘が指摘するとおり、「食べもの」が生産と消費の分断によって「食品」（商品）化し、食の荒廃が進むなかで、提携は健康と生産と消費のつながりを重視する食べものの条件を回復していく取り組みと言える(28)。

哲学者の内山節《たかし》は、「半商品」という概念を用いて、生産者と消費者の関係性について検討している。半商品とは、市場では商品として通用し、流通しているが、それをつくるプロセスや生産者と消費者との関係性では、必ずしも商品の合理性が貫かれていない商品を指す。生産者は自らの信念と誇りのもと、安心・安全な農産物をつくり、消費者に届け、消費者はこの人がつくったものだから手に入れたいという、農産物を介した両者の関係性は極めて文化的であり、人格的なものである。

その中で、半商品に付けられる値段とは、市場によって合理性を与えられた価格およびそれが高いか安いかなどお金のやり取りで計られる価格ではなく、消費者は農家が農産物をつくったことに対するお礼として、農家を支えるにふさわしい代価にならざるをえないという。(29)

「縁結びのお金」として

内山が指摘する生産者と消費者が一緒になって商品を半商品にしていくプロセスこそ提携が目指した世界であり、多辺田が食べものの条件を回復していく取り組みと位置付けた「等身大の自給」そのものである。

日本有機農業研究会は有機農業推進委員会を設置し、改めて提携の意義について、次のように整理している。

「『提携』で支払われるお金は、個々の有機農産物に対する『代金』ではない。商品への支払いは売買契約の決済であり、したがってそれは『縁を切る』ためのお金といえる。他方、『提携』でのお金は、田畑を通した自然と労働への代償・謝礼であり、そしてそれは農家の生活費や生産費の保障を内容としているので、農産物を通じて田畑と人々を結び合うための『縁結びのお金』といえる」

「縁結びのお金」という表現は、半商品の概念と同義として捉えることができる。この文章で重要なのは、有機農産物をとおして自然と人間の関係性を再構築していくというプロセスへの言及である。つまり、生産者と消費者が人間的な関係性とともに、自然との共生も実現し、生命を大切にする社会をつくってきた有機農業運動の到達点が示されている。

〈注釈〉

（１）渡辺善次郎（１９８４）「もうひとつの農業」玉野井芳郎・坂本慶一・中村尚司編『いのちと〝農〟の論理：都市化と産業化を超えて』学陽書房、pp.84-113

（２）多辺田政弘（１９８７）「〈もう一つの戦後〉の可能性」国民生活センター編『地域自給と農の論理：生存のための社会経済学』学陽書房、p.328-332

（３）大平博四（１９８３）『新編 有機農業の農園』健友館、大平美和子（２０２２）『世田谷・大平農園 けやきが見守る四〇〇年の暮らし』旬報社を参照した。

（４）大平博四（１９８３）『新編 有機農業の農園』健友館、pp.23-24

（５）詳しくは、濱野吉秀（２０１６）『ワインの〝鬼〟：「有機葡萄」六十年の軌跡』筑波書房を参照されたい。

（６）詳しくは、澤登早苗（２０１７）「有機農業の技術の組み立て方と持続可能性：果樹農家の実践から」『環境社会学研究』22、pp.64-72を参照されたい。

（７）詳しくは、井口隆史（２０１３）「木次乳業を拠点とする流域自給圏の形成」井口隆史・桝潟俊子編著『地域自給のネットワーク』コモンズ、pp.29-80を参照されたい。

（８）和田博之（１９８１）「自然の法を求めて・三芳村の実践」日本有機農業研究会編『消費者のための有機農業講座３ 新しい農の世界』JICC出版局、安全な食べ物をつくって食べる会30年史刊行委員会（２００５）『村と都市を結ぶ三芳野菜：無農薬・無化学肥料30年』ボロンテ。を参照した。

（９）和田博之（１９８１）「自然の法を求めて・三芳村の実践」日本有機農業研究会編『消費者のための有機農業講座３ 新しい農の世界』JICC出版局、p.69

（10）和田博之（１９８１）「自然の法を求めて・三芳村の実践」日本有機農業研究会編『消費者のための有機農業講座３ 新しい農の世界』JICC出版局、p.72

（11）荷見武敬・根岸久子・鈴木博編集（１９８６）『農産物自給運動：21世紀を耕す自立へのあゆみ』御茶の水書房、p.68

（12）荷見武敬・根岸久子・鈴木博編集（１９８６）『農産物自給運動：21世紀を耕す自立へのあゆみ』御茶の水書房、p.47

（13）佐藤喜作（１９９１）『農協が築く自給自立運動：秋田県・仁賀保町農協の実践』家の光協会を参照した。

（14）佐藤喜作（１９９１）『農協が築く自給自立運動：秋田県・仁賀保町農協の実践』家の光協会、p.139

（15）詳しくは、春原麻子（２０１６）「移住者受け入れ40年の歴史」小田切徳美・筒井一伸編著『田園回帰の過去・現在・未来：移住者と創る新しい農山村』農山漁村文化協会、pp.24-45を参照されたい。

（16）暮らしの実験室やさと農場ホームページ（http://kurashilabo.net/）最終閲覧日：２０２３年7月25日

（17）本田廣一（２０１０）「農業が面白い職業と知らない人はかわいそう！」中島紀一・金子美登・西村和雄編著『有機農業の技術と考え方』コモンズ、pp.38-45、大江正章編集・制作（２０１８）『追悼文集 本田廣一の思い』追悼文集本田廣一の思い編集委員会を参照した。

（18）国民生活センター編（１９８１）『日本の有機農業運動』

日本経済評論社、p.26

(19) 農山漁村文化協会編集（２００９）『暗夜に種を播く如く：一樂照雄─協同組合・有機農業運動の思想と実践』協同組合経営研究所、pp.266-267

(20) 梁瀬義亮（１９７８）『生命の医と生命の農を求めて』柏樹社、林真司（２０２０）『生命の農：梁瀬義亮と複合汚染の時代』みずのわ出版を参照した。

(21) 日本有機農業研究会ホームページ「日本有機農業研究会　結成趣意書」(https://www.1971joaa.org/%E6%9C%AC%E4%BC%9A%E3%81%AB%E3%81%A4%E3%81%84%E3%81%A6/%E6%9C%AC%E4%BC%9A%E3%81%AB%E3%81%A4%E3%81%84%E3%81%A6-html/#kesseisyuisyo) 最終閲覧日：２０２３年7月25日

(22) 金子美登（１９９２）『いのちを守る農場から』家の光協会、p.16

(23) 星寛治（２０００）『有機農業の力』創森社、p.230

(24) 宇根豊（１９８７）『減農薬のイネつくり：農薬をかけて虫をふやしていないか』農山漁村文化協会、宇根豊（２００１）『「百姓仕事」が自然をつくる：２４００年めの赤とんぼ』築地書館、中村修（１９９０）『農業の希望のためのパラダイム論』社会評論社を参照した。

(25) 日本有機農業研究会ホームページ「生産者と消費者の提携の方法（提携10か条）」(https://www.1971joaa.org/%E6%9C%AC%E4%BC%9A%E3%81%AB%E3%81%A4%E3%81%84%E3%81%A6/%E7%94%9F%E7%94%A3%E8%80%85%E3%81%A8%E6%B6%88%E8%B2%BB%E8%80%85%E3%81%AE%E6%8F%90%E6%90%BA/) 最終閲覧日：２０２３年7月25日

(26) 農山漁村文化協会編集（２００９）『暗夜に種を播く如く：一樂照雄─協同組合・有機農業運動の思想と実践』協同組合経営研究所、p.293

(27) 保田茂（１９８６）『日本の有機農業：運動の展開と経済的考察』ダイヤモンド社、p.162

(28) 多辺田政広（１９９０）『コモンズの経済学』学陽書房、pp.135-161

(29) 内山節（２００６）『「創造的である」ということ 上 農の営みから』農山漁村文化協会、pp.119-149

第4章

提携の揺らぎと関係性への模索

ORGANIC FARMING

繰り返される「オーガニックブーム」

第3章で見たとおり、1960~1970年代は農薬禍に伴う食品公害や環境破壊、食と農の分断などを背景に、消費者は生産者とともに提携という独自の流通システムを創造した。これが「第1次オーガニックブーム」である。

その後、農産物の流通は貿易の自由化によってさらに広域化かつ複雑化し、グローバルな展開に組み込まれている。1985年9月のプラザ合意以降、円高・ドル安の進行により輸入農産物が急増した。この間、農業の近代化にもとづく選択的拡大政策で生産を奨励された野菜や肉類、果実の輸入自由化が激しい貿易戦争のもとで進んだ。

食と農の間には、物理的な距離と心理的な距離が存在する。物理的な距離が拡大すれば、食の安全を脅かす要因となる。例えば、輸送・保管中などに虫やカビの発生を防ぐため、収穫後に直接散布するポストハーベスト農薬である。日本では使用が禁止され、1980年代後半に輸入小麦や果実で社会問題となった。

1980年代は、輸入農産物の危険性や1986年に発生したチェルノブイリ原発事故、地球環境問題の顕在化などを背景に、有機農産物への関心が高まった時期で、「第2次オーガニックブーム」と位置付けられる。

1996年には、アメリカで遺伝子組み換え作物の商業栽培が始まった。その結果、食料自給率が低く、トウモロコシや大豆をアメリカに依存する日本にも輸入されるようになった。2000年代に入ると、中国産野菜の残留農薬、BSE（牛海綿状脳症）、鳥インフルエンザ、数々の食品偽装事件が食の安全を脅かし、消費者の健康・安全志向が高まりを見せた。これが「第3次オーガニックブーム」につながった。

図表４－１　有機農産物流通の多様化プロセス

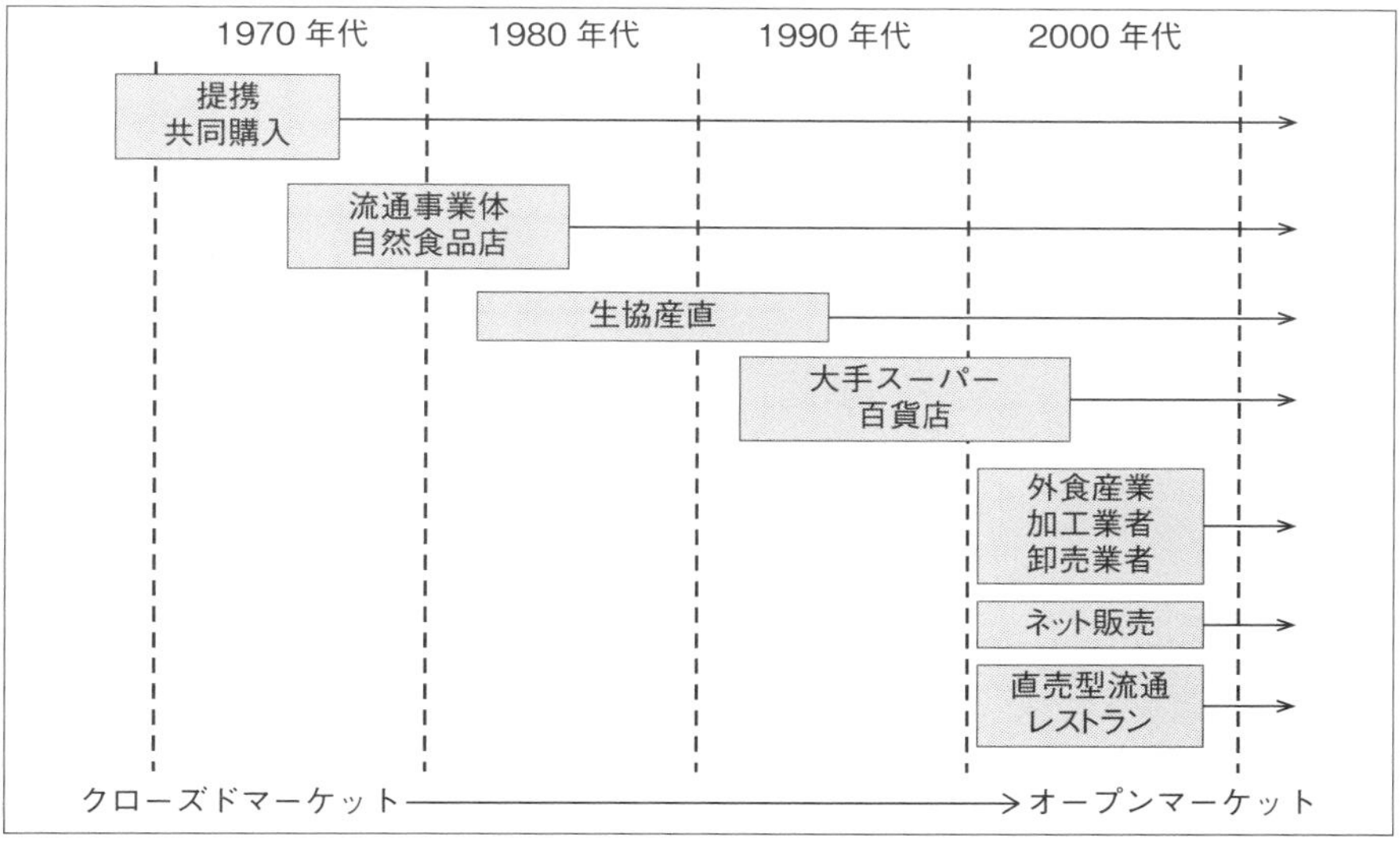

資料：筆者作成

多様化する有機農産物の流通

当初はクローズドなマーケット

図表４－１は、有機農産物の流通が多様化していくプロセスを整理した。第１次オーガニックブームでは、生産者も限られ、消費者が有機農産物にアクセスできる販売チャネルがほとんどなかった。すなわち、提携は必然的な取引手法であった。その後、第２次オーガニックブームが起こる一方で、提携に取り組む消費者グループが近くに存在しない、生産者との出会いがない、逆に生産者も消費者を見つけることができないという事態が生じた。

提携のようなクローズドなマーケットでは、有機農産物の大幅な流通拡大が見込めないことから、１９７０年代後半以降、有機農産物を専門に取り扱う流通業者や八百屋、自然食品店などが活動を開始した。とりわけ、宅配サービスを取り入れた業者の登場や有機農産物市場に参入する流通業者が増加した。

有機農産物を専門に扱う流通業者のタイプは、二つに分けられる。一つは、単なる経済活動として事業を展開する専門流通企業、もう一つは運動体としての側面を持ち合わせる専門流通事業体である。[1] 例えば、大地を守る会、ポラン広場、らでぃっしゅぼーやなどである。

専門流通事業体による取り扱い

その代表的な存在である大地を守る会は、1975年に大地を守る市民の会として発足した（1976年に大地を守る会と改称、1977年に株式会社化）[2]。団地で開催した青空市から始まり、共同購入システムや個別宅配の導入など有機農産物の流通を切り開いてきたパイオニアである。

また、第7章で紹介する学校給食への有機農産物の供給、135〜150℃の高温で殺菌し、常温で長期保存が可能なロングライフミルクへの反対運動、食料自給率を高めようと提案する「THAT'S国産」運動、食べものの輸送距離を短くし、より近くで生産された農産物を食べようと呼びかけるフードマイレージ[3]運動、夏至と冬至に持続可能な社会について考えようと提唱する100万人のキャンドルナイト、国際局を立ち上げて様々なアジアの農民団体と交流を行うなど社会変革のために有機農業運動を展開してきた[4]。

大地を守る会のように、「事業」と「運動」の両立を目指して活動を行う専門流通事業体による有機農産物の取り扱いは、専門流通企業のように市場流通で扱う「有機農産物の商品化」と、提携による市場外流通で扱う「有機農産物の脱商品化」という対極をなす試みの中間に位置付けることができる[5]。藤本敏夫（1944‐2002年）らと大地を守る会を設立した藤田和芳（オイシックス・ラ・大地株式会社代表取締役会長）は、これまでの取り組みを振り返り、「社会的企業」と表現している[6]。

1980年代以降は、生協産直、デパートやスーパーマーケットでも有機農産物の取り扱いが一般化した。積極的に有機農産物の産地開発を進める卸売業者や仲卸業者も現れ、有機農産物の市場流通化が始まった時期である。農薬や化学肥料を使用しない農産物を求める消費者ニーズに適応した農業として、食品流通業者や消費者から注目を集めた。

有機農産物の流通は、関心を寄せる広範な消費者層を吸収しながら多様化していったのである。有機農産物への需要の高まりとともに、そうした時代状況に対応するため、提携という閉鎖的な空間を脱し、誰もが有機農産物にアクセスできる開放的な空間＝オープンマーケットへの新たな展開の始まりであった。

有機ＪＡＳ認証制度の開始とその課題

有機農産物流通の多様化は、様々なアクターが有機農産物市場に参入し、事業主体の複雑化を招いた。当時は、有機農産物に関する統一的な基準がなく、「有機栽培」「減農薬」「低農薬」「微生物農法」など有機農産物を表すと思われる表示とまがいものの氾濫を引き起こした。不特定多数を相手にする市場流通において、消費者は表示を頼りに商品を選択する。そのため、主に流通と消費の側から、有機農産物と証明できる栽培基準と表示を求める動きが起こり、有機農産物の基準・認証の制度化へとつながっていった。

有機農産物の基準に対する関心の高まり

1988年9月、公正取引委員会が「無農薬」「完全有機栽培」と表示された農産物の不当表示を摘発したことをきっかけに、1980年代末から1990年代前半にかけて有機農産物の基準に対する関心が高まった。1989年5月、農林水産省に設置された有機農業対策室の目的は、当時増えつつあった有機農業に関する問い合わせ窓口の一本化、有機農業の実態把握の調査および情報の提供であったが、最大の課題は表示の混乱を是正することであった。

1990年度の「農業白書」では、有機農業の基準や栽培方法の表示などに関する検討の必要性が強調され、1992年には「有機農産物等に係る青果物等特別表示ガイドライン」が制定された。このガイドラインは1996年に改定され、「有機農産物」と「特別栽培農産物」に大きく区分されることになった。

1999年7月、「コーデックス有機食品ガイドライン（食品の国際規格を定める国際的な政府間機関コーデックス委員会の策定）」が国際基準として採択された。農林水産省はその合意に合わせて、JAS法（農林物資の規格化及び品質表示の適正化に関する法律。JAS＝日本農林規格）の一部を改定し、2000年1月に「有機農産物と有機農産物加工食品の日本農林規格（有機JAS規格）」を制定した。そして、翌年4月から有機JAS認証制度の運用が本格的に始まった。

生産者は、国の認定を受けた第三者機関である登録認定機関により、有機JAS規格に適合した生産および製造方法かどうかの検査を受け、その結果、認定された生産者、製造業者（認定事業者）が自らJAS規格による格付け（自己格付け）を行い、有機JASマークを貼付することができる。違反したときは、罰則の適用がある。

その基準は、農薬、化学肥料、遺伝子組み換え種苗を使用せず、播種や植えつけ前2年以上（多年生作物は収穫前3年以上）経過し、堆肥などによる土づくりを行うことである。これらの基準を満たし、認証を取得すれば、「有機農産物」「有機○○」「オーガニック○○」（○○には、農産物の一般的な名称を記載する）などと表示できる。3年未満6か月以上の場合は、名称の表示に近接して転換期間中の記載が必要になる。

これは、有機JASマークが貼付されたものでなければ「有機」の表示をしてはならないという名称

図表４－２　国内における有機農産物の格付け数量の推移　(単位：t)

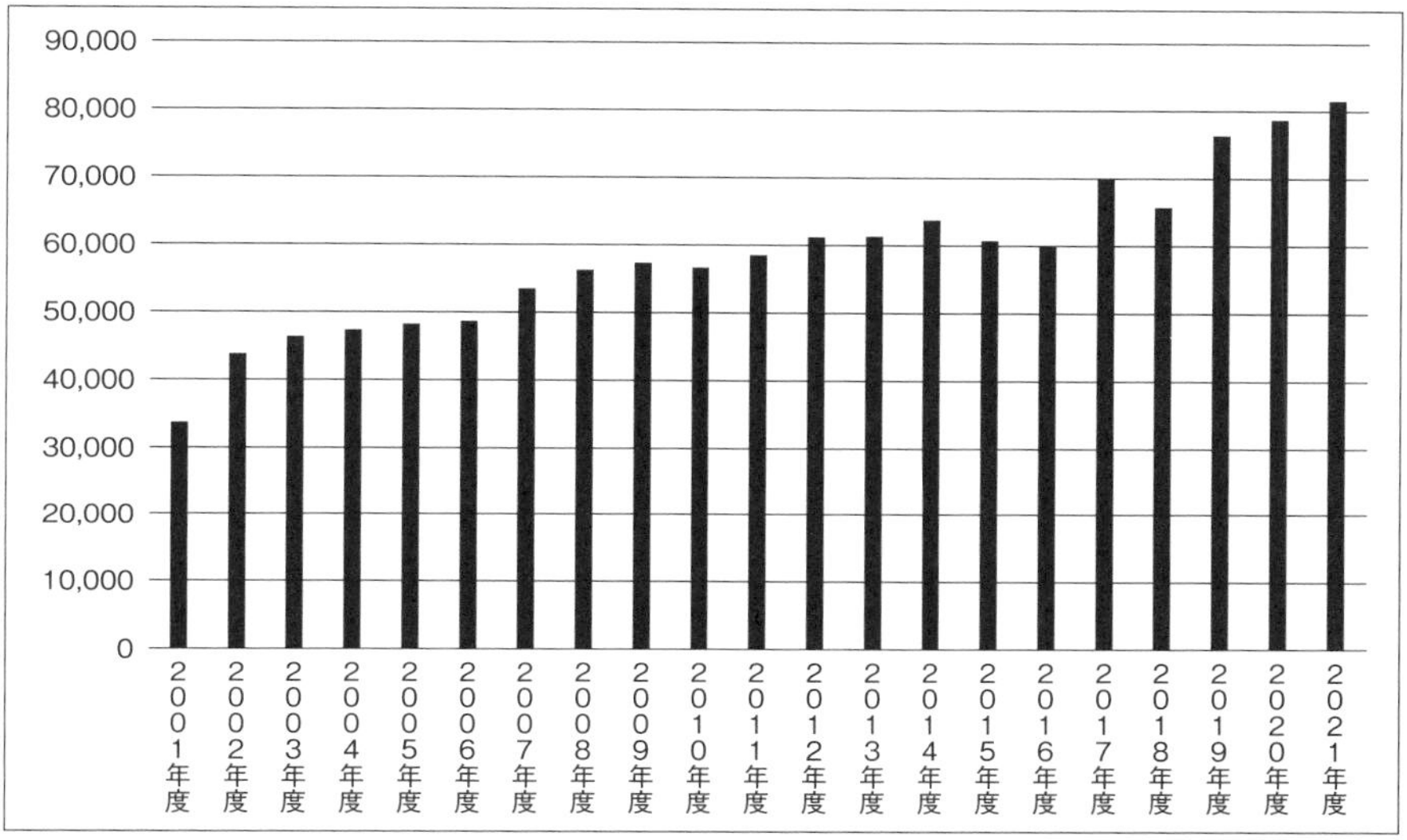

資料：農林水産省「国内における有機農産物の格付数量の推移」(2023年6月掲載) より筆者作成

の表示を規制する制度である。そのため、提携を実践してきた生産者は、検査・認証を受けないかぎり、有機農産物と表示することができないという矛盾を招いた。

有機農産物の格付け数量と認証制度

図表４－２は、国内における有機農産物の格付け数量の推移である。２００１年度：３万３７３４ｔから微増減を繰り返しながら増加し、２０２０年度：７万８６５４ｔ、２０２１年度：８万１４７４ｔとなっている。２００１年度に比べると倍増、国内の総生産量に占める格付け数量の割合は、２０２１年度時点で０・３１％である。

　有機農産物の流通と消費を拡大していくためには、不特定多数の消費者を対象にする流通は不可欠で、有機ＪＡＳ認証制度が大前提になる。有機農産物を取り扱う専門店やデパート、スーパー、仲卸業者は有機ＪＡＳ認証を取得した農産物を求めており、生産者にとっても販売先の開拓、取引先との信頼関係を築く上で大切なツールである。

有機ＪＡＳ認証の取得に必要な経済コスト（認定申請手数料、実地検査費用、講習会受講費用）、作業コスト（事務手続き、栽培記録の作成）の負担が大きいという声も聞かれるが、認証の取得に取り組みやすい環境を整えながら、制度の意義や農業経営にとってのメリットを共有していく必要があるだろう。

こうした現状を見ると、有機ＪＡＳ認証制度が普及し、大きく進展しているとは言い難い。その要因として、認定申請手数料、交通費や宿泊費などを含めた実地検査費用、講習会受講費用、基準遵守のための圃場管理費用など経済コストだけではなく、事務手続き、栽培記録の作成（特に多品目生産の場合は増大）など作業コストも大きく、生産活動を厳しく取り締まる方向へと進んでいる。

有機農産物の流通と消費を拡大していくためには、不特定多数の消費者を対象にする流通は不可欠で、認証制度が大前提になる。今後、経費の補助、地域ごとに認証機関を設立するなど有機ＪＡＳ認証の取得に取り組みやすい環境を整えていく必要があるだろう。

有機農業経営の現段階

有機農産物流通の多様化によるオープンマーケットへの移行は、消費者の裾野を広げてきた。

現在は、日常的に利用するスーパーでも有機農産物を取り扱い、オーガニックコーナーを設置している場合もある。デパートでは、こだわりや（株式会社こだわりや）や自然食品Ｆ＆Ｆ（エフアンドエフシステム株式会社）など自然食品店の店舗が入っているところも多い。

２０１６年に初上陸したビオセボン（ビオセボン・ジャポン株式会社）は、フランス発のオーガニックスーパーとして注目を集め、東京と神奈川に店舗を拡大している。さらに、都市部では有機食材を扱う個人経営のレストランも人気を集めている。

コミュニティ志向型とビジネス志向型

流通の多様化が農業経営の多様な広がりを支え、

図表４－３　有機農業経営の志向性

	コミュニティ志向型	ビジネス志向型
経営形態	小規模・家族	法人、企業参入
方向性	経営の公共性／社会性	経営の効率性／収益性
品目	少量多品目	品目の絞り込み
土づくり	身近にある資源の活用	購入資材の活用
認証	特別栽培、参加型認証、PGS	有機JAS認証
経営規模	適正規模	拡大
消費者	特定、ローカル	不特定

資料：筆者作成

農業経営の多様化が流通の多様化を支え、それを太くし、拡大させている。**図表４－３**は、有機農業経営の志向性を整理したもので、「コミュニティ志向型」と「ビジネス志向型」に大きく分かれる。

コミュニティ志向型の経営は、経営の公共性・社会性を重視し、季節ごとに10～20品目ほど栽培する少量多品目栽培が基本で、土づくりは身近にある資源などを積極的に活用する。

販売は、野菜ボックスやＣＳＡ（Community Supported Agriculture）など消費者が特定でき、農産物直売所やファーマーズマーケットのようにローカルかつ小さな範囲、規模である。中には、援農や収穫祭、農場訪問など両者の間には何らかのコミュニケーションが生まれている。自らホームページを開設してインターネット販売、ＳＮＳ（Social Networking Service）をつうじた販売・交流、産直ＥＣ（Electronic Commerce）サイトへの出荷も人気で、第7章で紹介する学校給食への供給にも関心が高まっている。そのため、経営の基本は、適正規模である。有機ＪＡＳ認証の取得は必要としないか、積極的には行わない。ただし、最低限の保証として、特別栽培農産物[7]の認証を取得する場合はある。

コミュニティ志向型を支える消費者の姿は、生産現場や生産者への関心が高く、有機農業にまなざしを向けている。消費者とのつながりは、「強いコミュニティ」の形成が特徴である。

国際有機農業運動連盟（ＩＦＯＡＭ）が有機農業の拡大方策として提唱しているＰＧＳ（Participatory Guarantee System）のような参加型認証システムもコミュニティ志向型の経営を支えるツールとして注目される。

ＰＧＳは、信頼、社会的ネットワーク、知識の交換、交流を基盤に消費者の積極的な参加にもとづいて生産者を認定する。第三者認証よりも経済・作業コストを抑え、現地確認など生産者と消費者が相互に交流し、理解し合いながら認証の仕組みをつくる。地産地消の販売先開拓、ファーマーズマーケットやオーガニックフェスタなど地域やコミュニティを対象にした活動の場合、有効である。

日本では、オーガニック雫石（岩手県雫石町）が初めてＩＦＯＡＭのＰＧＳ認証を取得した。

ビジネス志向型は、経営の効率性・収益性を重視し、品目を絞った少品目中量・大量生産で、土づくりは購入資材を有効的に活用する。販売は、市場流通や生協産直などで、経営規模の拡大も積極的に行う。不特定多数の消費者をターゲットにするため、有機ＪＡＳ認証を取得する。

ビジネス志向型を支える消費者の姿は、食の安全やオーガニックというイメージが先行し、「有機農産物」への関心を持っている。消費者とのつながりは、コミュニティ志向型と比べて「弱いコミュニティ」の形成が特徴である。

経営の多様な共存と広がり

前頁の**図表４－３**はあくまで概念図で、実態としてはコミュニティ志向型とビジネス志向型の間にユニークな経営が多彩に存在している。両方の志向をバランスよく持ち合わせている経営もあれば、どちらかに振り切って展開する経営もある。どちらをどの程度重視するかは販売先との関係性とともに、経営者のコンセプトや考え方にも大きく左右されるだろう。

また、経営規模拡大に伴う雇用の導入やライフステージの変化などを背景に、コミュニティ志向型からビジネス志向型に経営方針の転換を図るケースや、逆にビジネス志向型からコミュニティ志向型に舵を切り、地域に根ざす、消費者とのコミュニケーションを重視する経営に移行するケースも見られる。

コミュニティ志向型とビジネス志向型は対立するものではなく、こうした経営の多様な共存と広がりこそが、有機農業と有機農産物へのアクセスの裾野を広げ、その理解や消費の拡大に貢献するだろう。

提携はどこへ向かうのか

停滞状況にある提携

１９７０年代以降、実績を積み上げてきた提携運動はその目的を深化させ、その活動を持続させる一方で、１９８０年代後半以降、提携に取り組む消費者グループ数の減少もさることながら、会員の高齢化や世代間ギャップに伴い会員数が減少し、活動規模そのものも縮小していった。担い手の世代交代と新陳代謝が進まないなか、提携における関係性も空洞化し、そのシステムの見直しが迫られている。

第3章でも述べたとおり、提携は生産と消費をつなぐ作業を相互に負担することによってようやく成立した。ボランティア作業や義務的な共同作業に多くの時間が割かれ、とりわけ消費者側はそのような時間と場所を共有できる専業主婦の力に負うところが大きかった。そのため、共働き世帯の増加、社会活動への参加などライフスタイルの多様化は、専業主婦層の相対的な減少という結果を招き、提携の前提条件を崩した(8)。

有機農産物流通の多様化は、安全な有機農産物を求める消費者が提携に関心を寄せ、参加するメリットを徐々に失わせていった。生協、自然食品店、個別宅配、スーパーやデパートなどでの取り扱いは、提携に要した煩雑さや時間と場所の共有を一切排し、消費者の多様なライフスタイルに合わせた有機農産物へのアクセスを可能にした。

提携でしかアクセスできなかった時代は終わり、その優位性が低下するなか、提携に参加する消費者、有機農産物に関心を持つ消費者が多様な販売チャネルを自ら選択するようになっていった。

生産者と消費者の「関係性の変容」

提携という独自の流通システムを創造した有機農業運動の経験は、生産者と消費者の関係性を再考するという意味で、大きな役割を果たしてきた。同時に、消費者のあり方を問うものでもあった。食卓を生産者の都合に合わせるだけではなく、生産者とともに耕す消費者の姿が各地で見られた。これは援農（縁農）と呼ばれ、生産側に消費者を取り込もうとする動きが農村、都市を問わず見られ、消費者もまた生産側に近づこうとしていた。

当時はまだ有機農業技術も未熟で、消費者が生産現場を理解し、労力的にも支えなければ、提携という関係性が持続しなかったという事情もあるが、消費者は生産現場に近づこう、有機農業のことを少しでも理解しようとしていた。消費者は、〝身をもって〟有機農業を支えていたのである。筆者は、横浜土を守る会の代表として長年提携に取り組み、まわりから「提携の母」とも呼ばれた唐沢とし子（1924－2018年）から「私たち消費者も生産者」という言葉を聞いたことが印象に残っている。

図表4－4は、国民生活センターが実施した交流

図表４－４　消費者グループによる交流の機会　（複数回答）

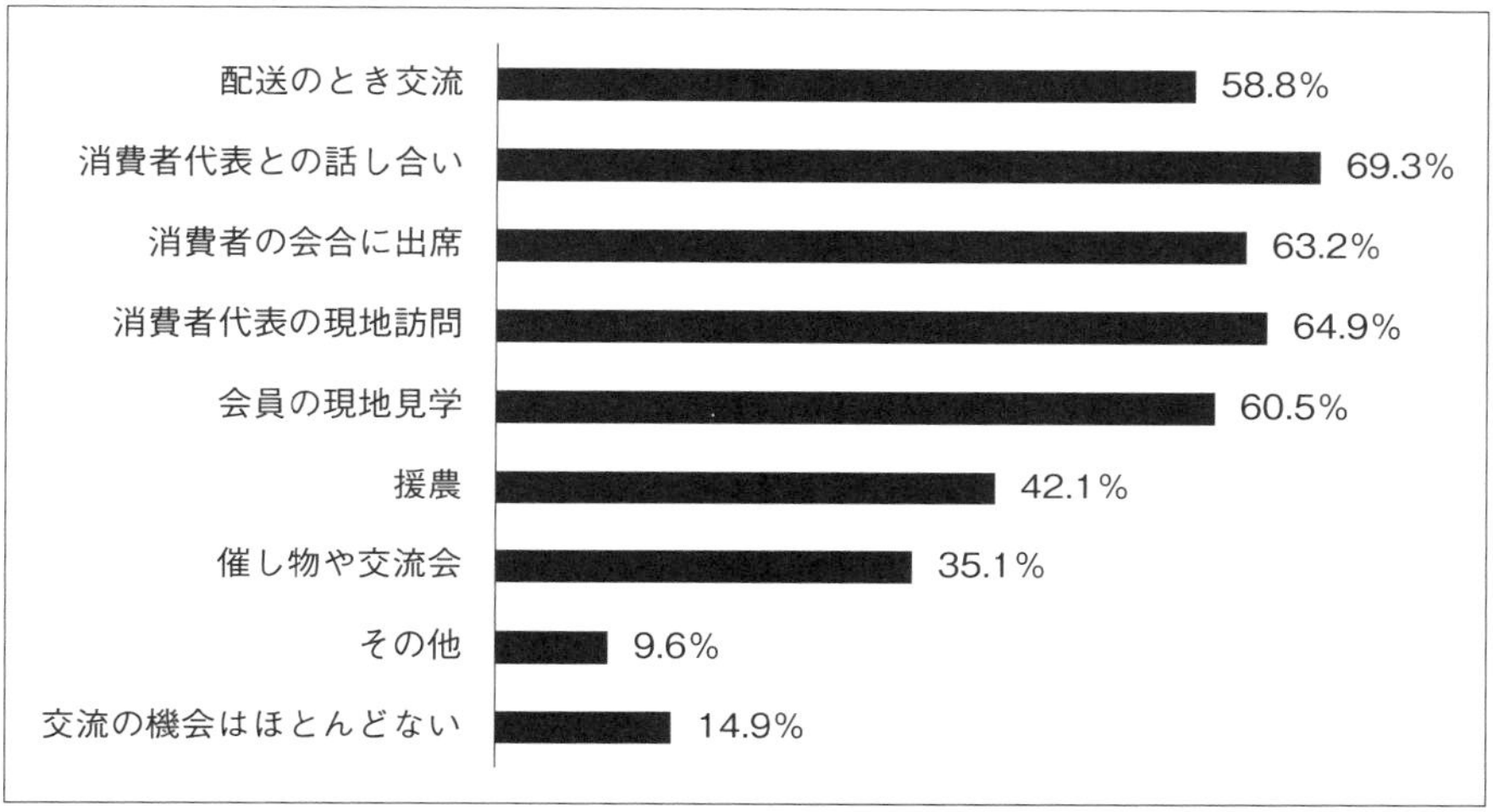

資料：国民生活センター編（1981）『日本の有機農業運動』日本経済評論社、p.247、表 3-2 を参考に筆者作成
注：調査時期（1979 年 11 ～ 12 月）、回収票数 329 票（回収率 66.2%）うち有効票数 305 票

の機会に関するアンケート調査である。大半の消費者グループが様々な形で生産者との交流の機会を持っている様子が窺えるが、その中でも4割ほどの消費者グループが援農に取り組み、積極的に生産者を支える姿勢が読み取れる。この調査では、次のように指摘している。

「このような生産者と消費者との交流の機会は相互の意識変革を促している。消費者は、生産者との交流、なかでも援農や見学に行って生産の現場に立会うことによって、それまで見えなかった〈農〉の世界が見えてくるようだ。つまり、安全な食べ物は、単に農薬や化学肥料や飼料添加剤を使わないというだけでなく、堆厩肥の自給や土づくり、飼料の自給や家畜の飼い方、労働力の問題まで含めた農業経営全体とのかかわりのなかから作られるということがわかってくるわけである。すると、旬を知り、食べ方を変えていき、生産者との提携関係も変わってくる(9)」

提携が生産現場と結びつきながら信頼関係を深

め、両者の間には暮らしを変革するという相互作用が生まれていた。同じく国民生活センターによる1990年の消費者グループへのアンケート調査では、交流の機会に参加する割合は全体的に少なくなり、参加者が同じ顔ぶれなど提携が徐々に停滞期に移行していく状況が見て取れるが、それでも4割弱が援農に取り組んでいた。交流の機会が学習会のような堅いものから、収穫祭や餅つきなどイベントのようなレクリエーション活動になってきていることも印象的である。(10)

繰り返されるオーガニックブームだが

提携が停滞局面に入ると、生産現場に足を運び、〝有機農業〟を支える消費者は一部にとどまり、流通の多様化を主な背景に、多くの消費者の関心は安全な食品＝〝有機農産物〟に移行していった。これは、食の安全が脅かされるごとに繰り返されるオーガニックブームを見ればよくわかる。

1987年度の「農業白書」では、初めて有機農業が取り上げられた。そこでは、消費者ニーズに的確に対応した有機農産物の生産者価格に注目し、収益性の高い高付加価値型農業の追求という内容であった。つまり、「有機農産物には付加価値がつき、高く販売できるので経営にも貢献できる」という発想で、生産者もまた消費者が求める安全な有機農産物という商品の生産にシフトしていった。

有機農業という営みや生産者、それを取り巻く地域環境、自然環境へのまなざしが消費者からは薄れ、見えなくなっていった。現在、生産者も農業体験や収穫祭といったイベント企画はあるが、援農のように定期的な交流に取り組むケースは少ない。エシカル（倫理的）消費や健康志向などから有機農産物への関心は高まっているが、有機農業そのものへの関心はそれに比していないと感じるのは筆者だけであろうか。

自給農場運動が提起した「耕す市民」

たまごの会からやぼ耕作団へ

自給農場運動を牽引した農業生物学者・明峯《あけみね》哲夫（1946－2014年）は、北海道大学で植物生理学を専攻し、大学院博士課程に進学した。当時は、大学闘争真っただ中で大学が揺れ動き、学問の意味自体が問われ、明峯も科学技術のあり方、科学技術を研究する自分自身のあり方、人間としての生き方について悩み、考え抜いていた。

明峯は、科学技術を単に批判するのではなく、具体的な対案を現場から示していくことを目指した。大学闘争での最後の自身のあり方として、博士課程を2年で中退後、岡田米雄（安全食糧開発グループ）の仲介で、1972年4月から河内《かわち》養鶏場（栃木県河内町）の研修生となり、山岸式養鶏法を学んだ。その2か月後に東京の消費者を中心に「たまごの会」が発足し、卵の共同購入が始まった。ただし、河内養鶏場の経営方針をめぐる内部対立によって明峯は撤退を余儀なくされ、「自分で食べるものは自分たちでつくらなければならないのではないか」という思いを次第に強く持つようになった。

自給農場運動の開始

たまごの会は1974年春、会員の共同出資で茨城県八郷町に消費者自給農場「たまごの会八郷農場」を建設し、明峯は明峯惇子《あつこ》らとともに専従スタッフとして移り住んだ。自給農場運動は、消費者自ら農場を持ち、「つくって、運んで、食べる」をスローガンに、「自立した消費者（人間）」への脱皮を求める運動としてスタートした。つまり、農業の近代化に対して生産者と消費者が連帯することで、生産と消費の分断を止揚し、あるべき生産の姿を互いに探り出していくことを目指したのである。

ところが、その内実について大きな矛盾を抱えることになる。農場で働くスタッフの食生活は自給的であったものの、その自給を東京と神奈川にいる消費者世帯に普遍化することができずにいた。距離的な問題から消費者が日常的に農場へ足を運ぶことも難しく、現実問題として自給農場の理念と実態が大きくかけ離れていたため、結局のところ、消費者が置かれた立場に変わりはなかった。

足りない農産物は、地元の農家と連帯をして確保する契約派と、農場を拡大して自ら耕し自給を目指す農場派との間で、運営方針をめぐって議論と対立が起こった。農場派の明峯は、農家との連帯（いわゆる提携）という大義名分のもと、議論もなく契約野菜を拡大し、都市に暮らす消費者会員は、ただ口を開けて運ばれてくる農産物を待っていればいいのかという疑問を投げかけた。

このような限界に対する実践的批判として農場を出た明峯は、1981年5月、たまごの会の主要メンバーとともに東京都国立市谷保で「やぼ耕作団」を結成した。やぼ耕作団は、7aの農地を借りて7家族でスタートし、その後、最大で50a以上を耕作し、18家族が活動に参加していた。この間、日野市に農園を移したが、農地の移転を繰り返しながら、1997年春、区画整理事業による畑の返還を機に解散した。

「共同耕作―共同消費」の方式

やぼ耕作団の特徴は、日常的に自分たちの食べものを自分たちでつくる試みとして、耕すことを徹底した点にある。その実践形態は、遊休農地を活用した農地利用型で、1軒の農家が耕作する30～50aの面積を十数家族が共同耕作した。そこでは、少量多品目の野菜、米、麦の栽培、味噌や醤油など農産加工、ウサギやニワトリ、ヤギなど家畜の飼育、さらにはワタや藍を栽培して織物や染め物、布団までつくり、自給した。そして、家畜の糞尿や生ごみ、落ち葉、稲わら、麦わら、米糠など身近な資源を利用して堆肥をつくる有畜複合型の有機農業に取り組んだ。

生産手段である農地、種、道具、機械、施設、そ

「農は人間自身をも耕す」と明峯哲夫

依存せず、自ら耕して収穫

生命力のある安全・安心の卵

青草や残滓を与えて飼養（やぼ耕作団）

の手段を生かす技術を身に付け、食生活の自給度を高めていくだけではなく、メンバー間の多様な知恵と工夫によって生活全体が自然に寄り添ったほんもののの暮らしづくりへと展開した。

たまごの会八郷農場を第1期とすると、やぼ耕作団は第2期の自給農場運動である。このように区別をしたのは、やぼ耕作団がたまごの会のスローガンを引き継ぎつつも、「共同耕作－共同消費」方式を採用し、運動の質に大きな違いがあったからである。つまり、明峯の実践は「安全な食べものを求める消費者による自給農場運動」から「市民共同耕作による自給農場運動」へと舵が切られたのである[11]。

なぜ、耕すのか

明峯はなぜ、たまごの会をつくり、離れ、やぼ耕作団をつくったのだろうか。その背景には、生産者－消費者という枠組みにとどまる有機農業運動に対する厳しい批判の姿勢があった。

明峯の主張は、一貫していた。たまごの会と地元農家との契約は相互の主体の確立にとって一手段に過ぎないとし、契約を当てにする前に農場の生産に精一杯取り組むこと、自ら耕すことによって都市生活者が「私食べる人」という分業の壁から自らを解き放ち、「自立した人間」の姿を獲得していく原点回帰の必要性を主張した。

たまごの会と地元農家の連帯をつうじて形成される生産者でも消費者でもない、その両者を一身に止揚したような新しい人格を指し、そのような主体がある一定の緊張関係のなかで築く連帯こそが真の連帯ではないかということである[12]。これは、「耕す市民」という新たな主体形成に向けた実践として捉えることができる。

地元農家は、たまごの会との連帯の中で農業のあり方を問い直し、有機農業に取り組むことで主体を確立しようとしている一方で、契約野菜を拡大するたまごの会は主体の確立に向けて歩みを進めているのか。それは連帯ではなく、単なる「依存」ではないのかという問いかけであった。

明峯の指摘は、提携運動の一つの限界として重く受け止める必要があり、さらに言えば、この生産者と消費者という関係性に閉じこもったままでいいのかという問題意識は、これからの消費者のあり方を問うものであろう。

CSAがつくる新たな生産者と消費者のつながり

CSAの広がり

近年、CSA（Community Supported Agriculture）に関心が集まっている。CSAは、一般的に「地域で支える農業」「地域支援型農業」と直訳される。アメリカにおけるCSAの起源は、1980年代半ばに北東部地域にある二つの農場から始まったとされており、その後広がりを見せて一般的な農業経営モデルとして受け入れられつつある。

ドイツとスイスにその原型があり、日本の提携も

ＴＥＩＫＥＩとして海外に知られ、ＣＳＡの源流の一つにあると言われている。現在、世界30か国以上でＣＳＡに相当する活動が取り組まれ、フランスではＡＭＡＰ（Association pour le Maintien d'une Agriculture Paysanne　農民農業を守る会）、イタリアではＧＡＳ（Gruppo diiAcquisto Solidale　連帯購買グループ）という名称で展開している[13]。

ＣＳＡに明確な定義はないが、その動向を総合的にまとめた『分かち合う農業ＣＳＡ』によると、「地域の生産者と消費者が食と農で直接的に結びつき、コミュニティを形成して生産のリスクと生産物（環境を含む）を分かち合い、たがいの暮らし・活動を支え合う農業[14]」としている。

ＣＳＡは、生産者と消費者の関係性を重視し、双方が経営のリスクを共有しながら支え合う仕組みである。生産者は少量多品目の野菜を生産し、消費者が定期的に野菜ボックスを購入するパターンが典型で、その特徴は「有機農業（環境に配慮した農業）の実践」「年間（半年）を前提とした前払い方式」「援農など農場運営への積極的な関与」「小規模・家族経営、新規就農者の支援」の４点が挙げられる。

「トゥルーＣＳＡ」という実践

片柳義春（１９５７－２０２０年）は、なないろ畑株式会社（神奈川県大和市）としてＣＳＡを実践した。筆者が片柳にヒアリングを行った際、生産者のリスクが大き過ぎることを繰り返して伝えていた。食と農をつなぐ社会関係において生産者の負担、責任が大き過ぎるのではないかという問題意識が、片柳がＣＳＡに取り組む原動力となり、生産者と消費者の対等な関係性は可能なのか、消費者が農場運営にかかわることは可能なのかという考えで「トゥルーＣＳＡ」を実践した。

第３章で見たとおり、提携の出発点は食と農をつなぐ社会関係を生産者と消費者がともにつくることで、実際に仕組みづくりを行った。ただし、現在の個別配送による直接販売は、かつての提携が目指した関係性とはほど遠く、消費者は買って食べるだけ

辛味ダイコンを手にする片柳義春

会員による大豆の種まき作業

野菜の仕分け作業、包装（なないろ畑の施設で）

剪定チップに米糠、おからを混ぜ込む

である。インターネット販売の場合は、直接顔を合わせ、会話をしなくても成立する。実際、野菜ボックスを販売している生産者で、消費者の顔を見たことがないという話もよく聞く。

トゥルーCSAは、有機農業運動が本来目指していた生産者と消費者の関係性の姿で、片柳の実践は提携の限界と同時に、それを乗り越える可能性を示していたと考えられる。この点は、明峯の問題意識、自給農場運動とも大きく重なる。

片柳は、CSAを「消費者参加型農業」として捉え、「会員制」「会費前払い」「野菜セットの受け取り」という基本的なCSAの条件に「会員が運営資金や労働力の提供」を加えてCSAに取り組んだ[15]。この四つ目の条件がトゥルーCSA、つまり本来のCSAたるゆえんである。

会員は、会費や資金（株・寄付）の提供、農作業、収穫作業、野菜の仕分け作業、包装・箱詰め、出荷作業、直売所での野菜の販売などをボランティアで行っていた。片柳は、こうした実践を「生産消費者」「半農半X対応型農場」と呼んでいる。イベントの企画など様々な仕事を会員と一緒に行い、「農のあるコミュニティ」の形成を目指していたのも特徴である。

CSAの持つ可能性

ＣＳＡに対する関心の多くは、消費者が前払いによって生産者を支えるという点に向けられているが、ここだけ切り取ってしまうと、目新しさはない。前払い方式は、初期の提携運動でも採用されており、生産者の生活を支えるという発想のもとに取り組まれてきた。提携と決定的に違うのは、有機農業運動が挫折した「労働の提供」で、この点に焦点を当てると、かつての提携とは似て非なる取り組みである。

ＣＳＡに参加する消費者の姿は、援農などで現場に足を運び、生産者を励まさなければ、有機農業が成り立たなかった時代の消費者とは明らかに異なる。いつでも、どこでも有機農産物にアクセスできる時代に、なぜ、消費者は農作業や仕分け、販売などを手伝い、経営にまでかかわるのだろうか。

こうした消費者の動向は、健康志向やエシカル消費など有機農産物への関心の高まりとは区別して考える必要がある。ＣＳＡに参加する消費者は、有機農産物が生み出される「有機農業の営み」というプロセスにまなざしを向け、環境や地域、社会を支える公共的価値にも気付き、支えようとしているのではないだろうか。さらに言えば、個々の暮らしの充足だけではなく、耕す営みをつうじて農業そのものへの理解を深めているのではないだろうか。ＣＳＡを含め、有機農業の営みにかかわろうとし、支え、耕す消費者の姿は、食と農のこれからのつながりを考える上で重要な示唆を与えてくれるだろう。

〈注釈〉

（１）国民生活センター編（１９９２）『多様化する有機農産物の流通：生産者と消費者を結ぶシステムの変革を求めて』学陽書房、p.63

（２）大地を守る会は、２０１７年10月に同じく食品の宅配サービスを手掛けるオイシックスと経営を統合し、

２０１８年２月にはらでぃっしゅぼーやを子会社化した。現在の商号は、オイシックス・ラ・大地株式会社である。

(3) フード・マイレージとは、食料の輸入が地球環境に与える負荷を把握する指標のことで、食料の輸送量に輸送距離を掛け合わせ、単位はｔ・km（トン・キロメートル）で表される。日本のフード・マイレージは約９０００億ｔ・kmで世界トップで、韓国やアメリカの３倍にもなる。日本の食料輸入は、大量かつ長距離で、多くの温室効果ガスを排出している。詳しくは、ウェブサイト「フード・マイレージ資料室」(http://food-mileage.jp/) を参照されたい。

(4) 詳しくは、藤田和芳（２００５）『ダイコン一本からの革命：環境NGOが歩んだ30年』工作舎を参照されたい。

(5) 国民生活センター編（１９９２）『多様化する有機農産物の流通：生産者と消費者を結ぶシステムの変革を求めて』学陽書房、p.63

(6) 詳しくは、藤田和芳（２０１０）『有機農業で世界を変える：ダイコン一本からの「社会的企業」宣言』工作舎を参照されたい。

(7) 地域の慣行レベルに比べて、節減対象農薬の使用回数を50％以下、化学肥料の窒素成分量を50％以下で生産し、農林水産省が示す表示ガイドラインに沿った生産管理ができている農産物は、「特別栽培農産物」と表示して出荷・販売することができる。有機農業の場合は、「節減対象農薬：栽培期間中不使用」「化学肥料（窒素成分）：栽培期間中不使用」という表示になる。有機ＪＡＳ認証よりも経済・作業コストは少ない。

(8) 波夛野豪（２００４）「あらためて産消提携を考える」日本有機農業学会編『有機農業研究年報４　農業近代化と遺伝子組み換え技術を問う』コモンズ、p.67

(9) 国民生活センター編（１９８１）『日本の有機農業運動』日本評論社、p.202

(10) 国民生活センター編（１９９２）『多様化する有機農産物の流通：生産者と消費者を結ぶシステムの変革を求めて』学陽書房、pp.198-199

(11) 詳しくは、明峯哲夫（２０１６）『明峯哲夫著作集　生命を紡ぐ農の技術』コモンズを参照されたい。

(12) 明峯哲夫（１９８１）「たまごの会の歩み：僕のたまごの会中間総括」自主出版パンフレット

(13) 波夛野豪・唐崎卓也編著（２０１９）『分かち合う農業ＣＳＡ：日欧米の取り組みから』創森社、pp.15-16

(14) 波夛野豪・唐崎卓也編著（２０１９）『分かち合う農業ＣＳＡ：日欧米の取り組みから』創森社、p.11

(15) 片柳義春（２０１７）『消費者も育つ農場：ＣＳＡなないろ畑の取り組みから』創森社、p.28

第5章

有機農業の担い手を育てる

ORGANIC FARMING

有機農業の担い手像

有機農業への参入パターン

有機農業の担い手像を概観すると、その参入パターンは「慣行農業から参入を図った転換参入」「農外から参入を図った独立就農」「それらの後継者」「企業参入」「雇用就農」という五つに大きく分かれる。その特徴にはいくつかの契機があり、区分できる。

〈第1期〉自然農法の実践を含めると、戦前から意識的な取り組みが存在していた。その後、1950年代半ばに始まった高度経済成長という大きな社会の変容、農業の近代化が背景にあり、1960年代半ば以降、それに対する根底的な批判、対抗運動として有機農業が社会的に広がり始めた。これが第1期である。

〈第2期〉第2期は、1980年代後半以降、輸入農産物の増加に伴う食の安全性を揺るがす問題、農業経営の維持、地域農業の振興という観点から、高付加価値を生む有機農産物が注目を集め、経済的動機付け、産地の再形成、地域活性化といった様々な背景から転換参入が進んだ。

1986年4月に起こったチェルノブイリ原発事故、地球環境問題なども有機農産物への関心を高め、さらに非農家出身による独立就農も有機農業の流れを形成した。第1世代の有機農業者が研修の受け入れを開始したことが独立就農の動きを支えた。この時期の独立就農者は、ライフスタイル重視が特徴である。

〈第3期〉第3期は、1990年代後半から2000年代にかけてで、研修の受け入れ先や情報へのアクセスが多様化、充実化し、独立就農については自治体などで相談窓口の設置、公的なサポート体制も整備された。有機農業に限らず、独立就農の社会的な広がりが形成された時期である。

また、経験を積んだ有機農業者の中には、経営規模の拡大による企業的経営への展開、企業参入、雇用就農の受け入れも見られるようになった。有機農産物への関心の高まりは継続し、有機ＪＡＳ認証制度の開始もあり、ビジネス志向型経営の登場が特徴である。さらに有機農業推進法の成立という政策的な後押しもあり、地域で有機農業者を育成する機運が高まった。

ライフスタイルの多様化による後押し

〈第４期〉　第４期は、２０１０年代以降から現在で、２０１１年3月に起こった東日本大震災と福島第一原発事故を背景にした生き方の問い直し、都市から農村への移住を含めた「田園回帰」の動き、２０２０年初頭から広がりを見せた新型コロナウィルス感染症の世界的流行（パンデミック）、コロナ禍に伴うテレワークの浸透などから、移住や2地域居住（デュアルライフ）といったライフスタイルの多様化が独立就農、農への関心を高め、有機農業の動きを後押ししている。この時期は、第1世代、第2世代の後継者も生まれている。

２０２１年5月に策定されたみどりの食料システム戦略の影響はまだわからないが、どのような形であれ、有機農業を広げていくきっかけになることは言うまでもない。その中でも、オーガニックビレッジ事業への期待は高いだろう。

非農家出身の若い世代から支持される農業

ここからは、新規就農者のうち、独立就農の動きに着目しながら、有機農業の担い手像を具体的に見ていく。

次頁の**図表５−１**は、新規就農者の就農形態についてである。農林水産省の定義によると、新規就農者は「新規自営農業就農者」「新規雇用就農者」「新規参入者」の三つに分けられ、新規参入者はさらに「独立就農」「第三者承継」という形態がある。一

図表５－１　新規就農者の就農形態

就農形態		内　容	対象
新規自営農業就農者		家族経営の世帯員で、親元に戻って自営農業に従事する人	農家出身者
新規雇用就農者		新しく法人などに常雇い（年間7か月以上）され、農業に従事する人	農家出身者 非農家出身者
新規参入者		土地や資金などを自ら調達し、新しく農業経営を始める人	農家出身者 非農家出身者
	独立就農	経営資源を独自に調達すること	農家出身者 非農家出身者
	第三者承継	既存経営の資源を引き継ぐこと	非農家出身者

資料：筆者作成

図表５－２　就農形態別新規就農者数の推移　（単位：1000 人）

年			2010	2011	2012	2013	2014	2015	2016	2017	2018	2019	2020	2021
新規就農者計			54.6	58.1	56.5	50.8	57.7	65.0	60.2	55.7	55.8	55.9	53.7	52.3
		うち49歳以下	18.0	18.6	19.3	18.0	21.9	23.1	22.1	20.8	19.8	18.5	18.4	18.4
就農形態別	新規自営農業就農者		44.8	47.1	45.0	40.4	46.3	51.0	46.0	41.5	42.8	42.7	40.1	36.9
		うち49歳以下	10.9	10.5	10.5	10.1	13.2	12.5	11.4	10.1	9.9	9.2	8.4	7.2
	新規雇用就農者		8.0	8.9	8.5	7.5	7.7	10.4	10.7	10.5	9.8	9.9	10.1	11.6
		うち49歳以下	6.1	7.0	6.6	5.8	6.0	8.0	8.2	8.0	7.1	7.1	7.4	8.5
	新規参入者		1.7	2.1	3.0	2.9	3.7	3.6	3.4	3.6	3.2	3.2	3.6	3.8
		うち49歳以下	0.9	1.2	2.2	2.1	2.7	2.5	2.5	2.7	2.4	2.3	2.6	2.7

資料：農林水産省「新規就農者調査」より筆者作成

般的に言われる新規参入者は、独立就農を指すことがほとんどである。

図表５－２は、就農形態別新規就農者数の推移である。まずは、全体の動向を見ていく。最も新規就農者が少ないのがバブル経済期の１９９０年で１万５７００人であった。その後、新規就農者数は増加傾向にあり、２００６年には８万１０００人、その後減少し、近年は毎年５万～６万人台を推移している。

新規就農者は、２０２１年時点で5万２３００人、そのうち新規自営農業就農者が3万６９００人で70・6％を占めている。新規就農者の大半が新規自営農業就農者だが、その数、割合ともに減少傾向にある。一方で、新規雇用就農者と新規参入者は小さな存在だが、その数、割合ともに大きくなっている。その中でも、新規参入者の推移を見ると、２００７年の１７５０人からここ5年ほどは３０００人台を推移し、増加傾向にある。

２０２１年時点で、49歳以下の若い世代は35・2％で増加しており、これを就農形態別で見ると、新規自営農業就農者数は減少しているが、新規雇用就農者と新規参入者は増加傾向にある。その割合は、新規自営農業就農者が39・1％に対し、新規雇用就農者が46・2％、新規参入者が14・7％となっている。新規雇用就農者、新規参入者を合わせた割合が大きいことがわかる。

新規就農者の主力は、定年退職したリタイア層と定年退職前の層だが、新規雇用就農者と新規参入者は、非農家出身の若い世代から支持を受けて広がりを見せている。農家の高齢化とそれに伴う後継者不足が深刻化するなか、個々の農業の継承と再生産だけでなく、地域農業や地域社会の継承と維持も困難な状況にある。独立就農者への期待は、こうした状況を反映したものと言えよう。

独立就農者が取り組む有機農業

独立就農と有機農業の親和性

新規就農者の中でも、独立就農者が選択する農業の形として有機農業との親和性が確認できる。

一般社団法人全国農業会議所の全国新規就農相談センター「新規就農者の就農実態に関する調査結果」[1]によると、「全作物で有機農業を実施」16・9％、「一部作物で有機農業を実施」5・9％で、約5分の1が有機農業に取り組んでいる。ただし、

図表５－３　新規参入者による有機農業への取り組み状況

	2006年	2010年	2013年	2016年	2021年
全作物で有機農業を実施	23.9%	20.7%	23.2%	20.8%	16.9%
一部作物で有機農業を実施	7.3%	5.9%	5.7%	5.9%	5.9%
計	31.2%	26.6%	28.9%	26.7%	22.8%

資料：全国農業会議所「新規参入者の就農実態に関する調査結果」をもとに筆者作成
注：調査対象者は就農から10年以内の新規参入者

「全作物で有機農業を実施」の割合が減少している現状については、留意する必要がある（**図表５−３**）。

独立就農者を受け入れる（受け入れたい）地域にとっても、有機農業への取り組みは欠かせないものになっている。独立就農者が増加する地域では、そのほとんどが有機農業を選択しているところも少なくない。地域農業の担い手としてだけではなく、耕作放棄地の解消や地域社会の維持、地域づくりの担い手としても大切な役割を担い、地域にとって「無視できない存在」から「なくてはならない存在」になりつつある。

有機農業を選択する理由

筆者は、埼玉県小川町の有機農業者にアンケート調査を実施したことがある。回答者の前職を見ると、そのほとんどが会社員で、30代～40代前半という働き盛りの年齢で仕事を辞め、就農している。

就農目的について「あなたが農業（自給的な農業を含みます）を志した（就農した）目的は何ですか」という問いを設定し、**図表５−４**のとおり回答を一覧にまとめた。

そのキーワードを見ると、まずは「自給」ないし「自給的な暮らし」を求めて就農した回答者が大半を占め、その大きな背景には「環境」がある。自らの暮らしだけではなく、その暮らしと社会を結びつけた回答も見られ、環境や食の安全を脅かす根本的な要因である経済成長重視の社会のあり方にまで及

図表５－４　就農目的の一覧

(n=25)

就農年代	就　農　目　的
1980年代	•食料を自給するため（個人的、日本的、世界的に）。 •自給自足の生活に憧れて。 •のんびり暮らしたかった。 •有機農業が産業として環境に一番負担が少ないと思った。 •母の実家が農家で、子どもの頃から畑をする事にあこがれていた。
1990年代	•楽しそうだったから。 •安全な食べものを自分で作って食べること。環境保全を自分の手で実践すること。経済優先の社会から離れ、助け合いの関係を築くこと。健康で楽しく暮らすこと。 •当初は、バイオガス液肥の効果を確認するため。 •とても一言では言えません。人生の紆余曲折の総決算でしょうね。
2000年代	•一番の動機は環境問題からでしょうか。 •自然と近い所で生活したかった。土に触れ、体を動かし、作物を育て、よく寝て食べる。そのことに憧れを感じたから。 •自分で食べるものを自分でつくる農的な生活を目指した。 •小学生の頃から農業をするのが夢だった（夢の実現）。生きていくために食べる。最も単純な目的で生活の糧を得ること。 •有機野菜を自給したいため。会社勤めと違い、自分の考えで行動できるから。自然相手の仕事だから。自然の中で動き回れるから。 •自分自身と社会の健康のため。 •命を育てる仕事は喜びが大きいし、平和につながることだから。 •農的暮らしをしたいと思ったから。
2010年代	•稼ぎが目的化した仕事に疑問を感じて。生きるための労働が仕事と言えるのは農業以外にないと思い。 •自分の手で生産できるものを考えた時、農業（有機）と思い小川町で。 •持続可能な社会、環境に負荷のかからない生活をしたかったから。自分の手に触れるもの、口に入れるもの、すべてを自分の言葉で説明できる範囲のものに囲まれて暮らしたいから。 •田舎暮らし。 •現代の社会のあり方に疑問を持ち、外国や環境から過度に収奪することなく持続可能な生き方をするには、自ら生きていくために必要なものをつくる必要を感じたため。 •食べ物を作る技術を身につけたかったから。 •前の仕事の先が見えてしまった。農業は落ちるところまで落ちた産業であり、逆に有望を感じた。

資料：アンケート調査より筆者作成

注：小川町における有機農業・新規参入に関するアンケート調査（2013年１月～2014年４月、25名から回収）

んでいる。

就農目的を就農年代別、経営形態別に見ても大きな違いや傾向は見られない。アンケートの回答者は、持続可能な社会に向けて、環境に負荷をかけない自然と寄り添う自給的な暮らしを目的に就農しており、その結果が有機農業の実践につながっていると考えられる。

「当たり前の農業」としての有機農業

1980年代後半以降、都市から農村へというベクトルが現実的なものとなり、その中心は20～30代の若年層であった。物心付けば公害問題、環境問題があり、環境にやさしい暮らしと自給志向が有機農業を選択する理由になっている。こうしたタイプは、現在もベースとなる参入パターンで、アンケートの回答を見てもわかる。

この時期は、研修の受け入れに関する情報もほとんどなかった。有機農業に限らず、研修の受け入れが可能な農家を探していたという人も少なくない。当時、門戸が広かった酪農や畜産の現場で働いたり、いくつか研修などを受けた後、書籍や雑誌、日本有機農業研究会の機関誌「土と健康」などで情報を集め、有機農業の研修先にたどり着くというケースもよく聞かれた。1996年に日本有機農業研究会が発行した『全国有機農業者マップ：自給と提携でいのちを支え合う人々』は、約5年ごとに改訂して第4版まで重ねた。会員生産者の有機農業への思いや経営の様子だけではなく、研修の受け入れ情報も掲載し、独立就農希望者が一歩踏み出すきっかけを与えた。

2000年代以降は、有機農業や有機（オーガニック）農産物はより身近な存在となり、若い世代にとって有機農業は決して特別なものではなく、実践の対象として肯定的に受け止められている。ある女性が「農業をするのであれば、有機農業と決めていた」と言うように、有機農業を当たり前のように選択する姿も見られる。

現在の20～30代は、普通の暮らしの中でそのような言葉を耳にし、有機農産物を口にする機会も少なからずあった世代である。有機農業者の本も多く出版され、雑誌やテレビなどメディアでも取り上げられる機会が多くなった。有機農家は、ホームページやＳＮＳ（Social Networking Service）、You Tubeなどを利用して情報発信を行い、有機農業や独立就農についても多くの情報にアクセスできる時代になった。

　また、アンケートの回答でもそうだが、社会のあり方への疑問、関心がその動機として大きな位置を占めている。ある女性は「利益を追求し、会社に管理される社会よりも、大地に根差した暮らしのほうが安心できる」と言っていた。

有機農業を「当たり前の農業」として肯定的に受け止める若い世代

受け入れ情報を入手し、研修先にたどり着く（埼玉県小川町・霜里農場）

　持続可能な開発目標（Sustainable Development Goals：ＳＤＧｓ）など持続可能な社会やサスティナビリティ、エシカル（倫理的）消費は、若い世代ほど関心が高い。こうした意識から、持続可能な社会をつくる農業として有機農業にたどり着くケースも多いだろう。

独立就農者が取り組む有機農業の姿

　独立就農者の姿は、多様に広がっている。専業はもちろんだが、複数の仕事の中で農業が世帯の仕事の中心にある兼業の姿も多彩である。

　一つは、将来的に農業専業を目指す「専業志向」である。これは、「本当は農業専業で生計を立てたいが、まだ経営が安定化しないため、農外収入に頼るしかない」という理由から、副業を消極的に位置付けている。

もう一つは、専業を目指すのではなく、複数の仕事を組み合わせることで生計を成り立たせ、そのうち農業に積極的な価値を見出す「多就業志向」である。**図表5－5**に示すように「積極的兼業」とも言い換えることができる。

また、複数の仕事の中で農業以外が世帯の仕事の中心で、農産物を販売する「自給＋α」、販売はしない「自給」もある。自給志向は、自分自身で食べるという理由から有機農業との親和性が高く、余剰を家族や親戚、隣近所にお裾分けする姿もよく見られる。「半農半X」という言葉と実践が支持を受けているように、当たり前のように農を暮らしに取り入れる若い人たちが増えている。その姿を見ていると、農の営みが暮らしのよりどころになっており、そこに有機農業という営みもある。

図表５－５　独立就農者の多様な姿

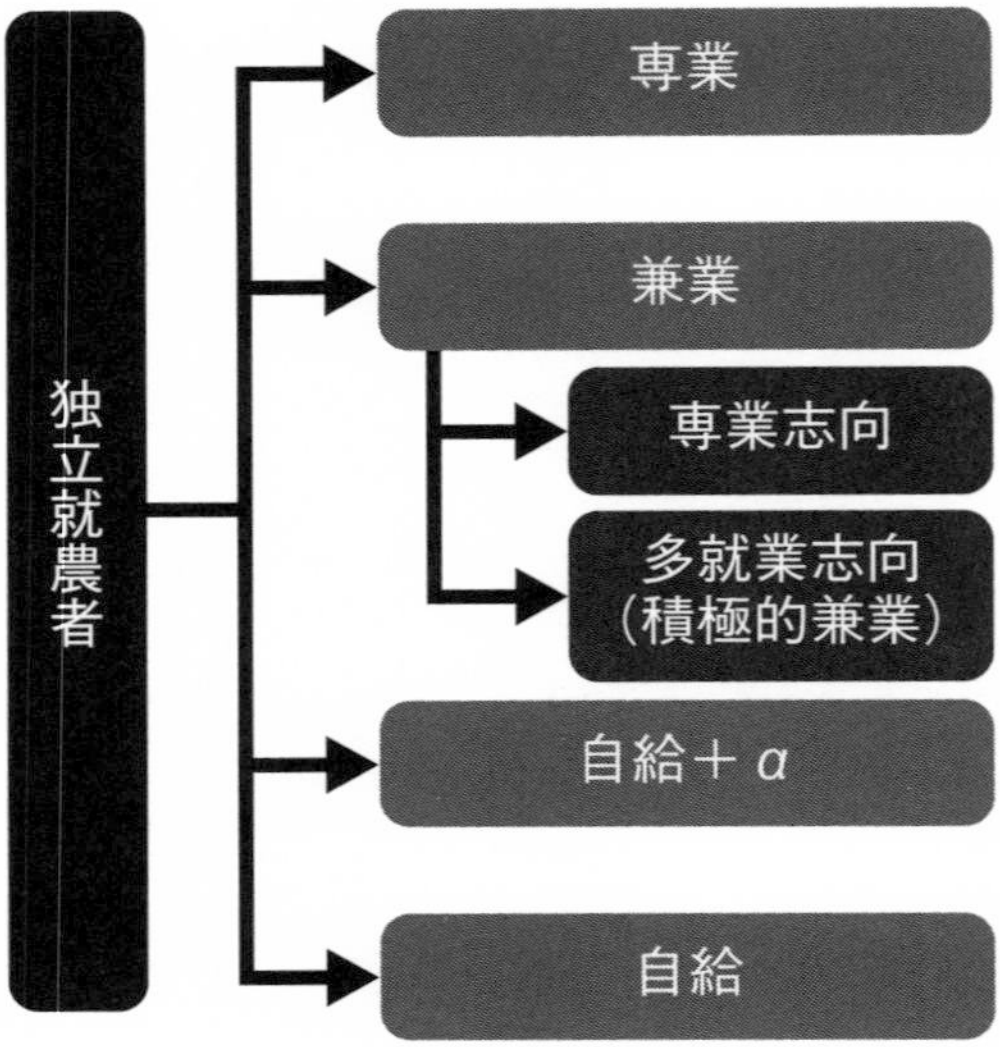

資料：筆者作成

有機農業という「壁」

独立就農にはだかる二つの障壁

独立就農者は、経営継承を行う後継者とは違い、白紙状態から準備を進め、就農し、経営を立ち上げる。ただし、参入プロセスで様々な問題が生じる。それらは「就農（入口）」と「定着（出口）」の段階に大きく分けられる。

就農では、農地・資金・機械、営農技術などの経営資源、住宅や地域の人間関係など生活資源を新規で調達し、確保しなければならない。とりわけ重要な点が「地域における信用力の形成」である。独立就農者が地域の中で人間関係をつくり、醸成される信用力が経営資源や生活資源の確保に反映される。例えば、農地の斡旋や仕事の紹介、営農技術や暮らしの情報交換、コミュニケーションなどである。

農業という仕事は、就農したら終わりではない。これがスタートで、就農後は経営を安定化させ、地域に定着する段階に入る。経営の継続と地域への定着がさらなる信用力形成につながる。ただし、独立就農者の定着段階では、「所得が少ない」「資金が不足している」「技術の習得ができない」など依然として課題が山積している。就農できたとしても、経営が安定せず、断念するケースも散見される。

有機農業というさらに高い障壁

独立就農者を受け入れる（受け入れたい）地域にとって、有機農業との親和性の高さを見たように、有機農業は受け入れることができないと言っていられない状況で、就農・定着サポートをつうじた受け皿づくりが欠かせない。同時に、有機農業を地域に広げ、どのように持続可能な農業、地域づくりを広げていけるかという姿勢が受け入れ側には求められている。

１９９０年代後半以降、独立就農のルートが多様化しているにもかかわらず、有機農業による就農・定着サポートはほとんど期待できず、現在も一部の地域を除いて消極的な状況が続いている。そこには、前述した独立就農者が一般的に克服しなければならない参入障壁だけではなく、有機農業だから生じる特有の問題もあり、これがサポート体制の遅れ、対応の鈍さにつながっている。つまり、それは程度の強さの問題で、それぞれの領域で突出的に現れている。

そのため、創意工夫を図り参入しないかぎり、有機農業による独立就農が困難で、さらに有機農業の場合は自己決定領域が広く、サポートニーズの幅はより大きい[2]。

有機農業だから生じる特有の問題

①慣行農法とは異なる農業技術に関して、集落住民からの教示を受けられず、生じた問題の独自の解決をしなければならない。

②技術面に関して、農業改良普及員等からの指導を得られない（もしくは得にくい）。

③慣行農法に見られる特定作物の奨励がない（あるいは少ない）ことに加え、既存の販路がないか、もしくは限定されており、少量多品目生産を基本に独自で作目や販売方法を検討する。

④販路の確保が難しい場合、農業所得面での制約が生じる。

⑤生き方に既存住民の理解を得ることが難しいケースがある。

⑥有機農業に取り組む仲間がいないか少ない。

⑦農業経験の少ない非農家出身者にとって、生活面でのギャップが懸念される。

⑧特に研修が重要になること。

より大きいサポートのニーズの幅

有機農業の選択にかかわる①～⑥について、具体的に見ていく。①、②は技術の習得、③、④は販売先の確保で、出口の部分となる農業経営面の特質である。慣行農業の場合、技術面は都道府県の農業改良普及員や農協の営農指導員から技術面でのサポートが期待でき、販売先は農協共販による系統出荷が利用できる。

一方で、有機農業の場合、そのような技術指導を受けることができない。これは、生産者も含めて地域に有機農業を指導できる人がほとんどいないからである。販売先は、独自で確保しなければならない。栽培技術も未熟で安定しない独立就農が同時に販売先を開拓していくことは容易ではない。

⑤は地域からの信用力獲得にかかわる。有機農業は、技術や販売先が異なるため、異質性が高く、さらに一般的な新規就農よりも理解が得られにくい、問題意識の共有がされにくいことも現実問題としてある。

⑥の仲間づくりは経営、生活面の双方で特に必要とされる。そこで頼りになるのは、同じ経験を積む仲間の存在である。ただし、若い農業者が少ないだけではなく、その中でも有機農業者はさらに小さな存在になる。気軽に相談できるような仲間が身近に存在しないのが現状である。

このように、農業経営や地域からの信用力、仲間づくりなど独立就農のハードルが一層高くなり、サポートのニーズの幅がより大きい。⑧の研修が特に重要という点は、有機農業特有の障壁を見ればよくわかる。

有機農業者を育てるサポートシステム

独立就農希望者にとって、多様な就農ルートが整備され、研修や雇用就農、地域おこし協力隊などを経て独立する「段階的な就農」は、参入障壁を緩和する一般的なプロセスになっている。受け入れ側も、どのような独立就農者を受け入れ、育てたいのかという長期的な見通しを持ち、ミスマッチが生まれないように丁寧な対応が見られる。

有機農業の独立就農者を育成するサポートシステムは、次の五つのタイプに分けることができる。

研修→就農・定着サポート

経験を積んだ有機農家は、有機農業を志す就農希望者を研修生として受け入れ、ボランティアで献身的なサポートに当たっている。研修は、有機農業による独立就農のオーソドックスなパターンになる。

研修期間は、短期（数週間から数か月）、長期（数か月、1～3年）など様々である。研修は「住み込み型」と「通い型」に分かれ、中には研修生用の宿泊施設を整備している受け入れ先もある。

現在は、ホームページやSNSなどで農家自ら研修生の募集ができ、自治体の相談窓口で研修受け入れ可能な農家の紹介を受けることもできる。研修生は無給が大半だが、労賃として多少の金銭のやり取りが発生する場合もある。

多くの場合、同地域での就農は条件としていない。同地域で就農する場合、研修を受け入れた有機農家は、農地や住宅の確保、販売先の共有・紹介、技術の指導、機械のレンタルなど農業と地域の橋渡し役となり、就農から定着までのサポートが見られる。同地域で就農しない場合も、研修の受け入れ先は独立就農者にとって技術や経営に関する情報交換、良き相談相手として精神的な支柱になる。

雇用就農→就農・定着サポート

独立就農希望者をスタッフとして雇用する（アルバイトも含む）。研修生として受け入れ、その後雇用就農に移行するパターンもある。この場合も、同地域での就農は条件としていないが、同地域で就農する場合は就農から定着までのサポートがある。

法人化し、経営規模が大きいため、販売先の共有、共同出荷など一緒に経営展開できる可能性が高い。例えば、農業法人が独立就農支援プログラムをつくり、就農から販売先の共有まで一貫したサポートを行う取り組みも見られる(3)。

筆者のまわりでも、有機農業に取り組む法人などに雇用就農して技術や経営センスを磨き、資金を貯めて独立就農を目指すパターンがよく見られる。ただし、ここで課題となるのが、特に独立就農者の多くが志向する少量多品目生産の雇用就農先が極めて少ないことである。

雇用就農後の独立就農については、雇用前、雇用期間中も受け入れ先と就農スケジュールなどについて相談し、コミュニケーションを取る必要がある。長期スタッフの場合、経営に欠かせない貴重な戦力となっているからである。法人経営では、スタッフの定着が課題となっており、独立就農希望者の心構えの一つである。

組織ぐるみの就農・定着サポート

生産者グループや農協、ＮＰＯ法人などが組織的に就農から定着までサポートを行う受け皿づくりが進んでいる。この中には、自治体との連携を進める取り組みも見られる。

こうした組織ぐるみのサポートは、「農業経営確立型」と「地域づくり型」に大きく分かれる。いずれも、窓口となる組織が就農希望者を受け入れ、独立就農に必要なサポートを行い、同地域での就農を条件としている。

①農業経営確立型サポート

農業経営確立型サポートは、研修もしくは雇用就農で受け入れ、農家のもとで経験を積んだ後、就農する。この場合、農業で生計を立てる専業農家を育て、経営と理念の両立を図るという受け入れ側の姿勢が明確である。

研修・雇用期間中に、受け入れ組織、農家のサポートで農地や住宅などが確保でき、就農後は受け入れ組織に所属し、共同出荷による販売先の共有など経営基盤の形成における端緒を提供している。例えば、JAやさと有機栽培部会（茨城県石岡市八郷地区）、農事組合法人さんぶ野菜ネットワーク（千葉県山武市）、くらぶち草の会（群馬県倉渕村）[4]などが挙げられる。

〈JAやさと有機栽培部会〉　JAやさと有機栽培部会について見ていく。[5]JAやさとは、1976年に東都生協と産直事業を開始した。野菜の産直は1986年に始まり、1995年からは個別宅配「東都グリーンボックス」にも出荷するようになったが、注文が徐々に減少していった。その後、グリーンボックスに有機農産物を供給することで、生産体制の再構築と需要の拡大を目指し、1997年11月に有機栽培部会を設立した。

設立のもう一つの目的は、独立就農者の育成である。東都生協の職員が就農を目指していたこともあり、1999年にゆめファームを立ち上げた。ゆめファーム新規就農研修制度を有機栽培部会が運営する有機農業に限定した研修制度で、毎年1家族ずつ、年齢を45歳未満に限定し、受け入れを開始した。研修後は有機栽培部会に所属し、農協に出荷することが条件である。

ゆめファームは、専用の圃場で研修を実施している。研修期間は2年間で、JAやさとが研修農場90a（1年で2家族が研修するので計180aを準備）とトラクターなど農機具、調整・出荷作業用の施設を無料で準備する。

1年目は、有機農業の技術を学ぶ。2年目は、1年目の学びから作物を選択し、技術の向上を図る。同時に、独立就農に向けて準備を進め、農地を借り、堆肥を投入して土づくりも行う。農地や住宅は研修生が自ら探すが、農地は研修中に交流を深めた有機栽培部会の生産者をつうじて紹介を受け、確保できる。

研修制度の特徴は、実践的な内容で、研修生を「一人前の生産者」として位置付けていることである。研修生の受け入れは、面接を行い決定する。家族の生活を負っているため、農業を仕事にする覚悟を持って研修を受けるという理由から、既婚者に限定している。作物の選定と面積の計画も自ら立て、栽培、収穫、袋詰めを行い、有機栽培部会の一員として出荷する。研修農場には、常駐の指導者がいない。そのため、有機栽培部会が割り当てた担当生産者に自ら聞いて指導を受ける。

ゆめファームでは、研修生自ら農業経営を行い、独立就農を見据えて「農業を仕事にするという自覚」「自ら学ぶという能動的な姿勢」「農業を経営するという実践感覚」を身に付ける。この点は、受け入れ農家の圃場で、その方針に従いながら補助的な作業を行う一般的な農業研修とは異なり、研修から就農が一つの線上でつながり、スムーズな独立就農に結び付けることができている。

独立就農者の耕作面積は80a～1haほどで、数年経つと1.5～2haまで拡大している。有機JAS認証を取得することから、年間10品目ほどの中量中品目栽培、全てが専業経営である。

2017年4月には、石岡市が第2研修農場「石岡市朝日里山ファーム」を開設した。仕組みはゆめファームと同じで、2019年4月に1期生が独立就農し、今後は毎年2組ずつ有機栽培部会の会員が増加する。

②地域づくり型サポート

地域づくり型サポートの窓口となる組織は、農業経営確立型のような出荷組織ではなく、地域づくりを担うNPOなどである。同地域に就農を条件としているが、必ずしも専業経営とは限らず、販売先の共有など経営面のサポートの幅は農業経営確立型と比べて小さい。独立就農者の姿は、専業から半農半Xまで広がり、多彩である。

地域づくり型サポートは、中山間地域のような条件不利な地域で多く、独立就農者の受け入れも、地域農業とともに、地域の担い手を育てるという点を重視し、地域づくりの一環として位置付けている。地域の一員として定着できるように、就業や起業など農業以外の仕事の確保、仕事づくりを含めた定住サポートが定着の大きな条件となる。例えば、NPO法人ゆうきの里東和ふるさとづくり協議会（福島県二本松市東和地区）、NPO法人ゆうきハートネット（岐阜県白川町）[6]などが挙げられる。

〈ゆうきの里東和ふるさとづくり協議会〉　NPO法人ゆうきの里東和ふるさとづくり協議会について見ていく[7]。福島県二本松市東和地区は、中通り北部の阿武隈山系斜面に位置している。2005年12月に東和町、安達町、岩代町が二本松市と合併した。養蚕や葉たばこ、畜産が盛んで、県内屈指の養蚕地帯であった。その後、生糸や牛肉の輸入が増加すると、それらに代わって野菜や米が中心の農業に切り替わっていった。

こうした状況のなか、1970年代半ば以降、青年団活動を担う若手後継者が養蚕と畜産に代わる農業、出稼ぎに頼らない農業、条件不利な地域でも持続できる農業など地域農業の新たな方向性を模索し、トマトやキュウリの施設栽培と少量多品目栽培の有機農業による複合経営を確立していった。

1980年代以降、福島市内の消費者グループとの提携、コープふくしまとの産直に取り組み、徐々に生産者が増加すると、大地を守る会、なのはな生協（千葉市）など関東圏にも販売先を拡大した。

２００３年7月、牛糞やわら、おがくず、そば殻、鶏糞、地元企業の食品残渣など地域資源を活用した有機堆肥「げんき1号」を製造・販売する有限会社ファインを有志で設立し、翌8月に地域循環型農業の推進を目指してゆうきの里東和が発足した。この有機堆肥で栽培された野菜は地域独自の東和げんき野菜として認証し、消費者からの支持を獲得している。

２００５年4月、合併に対する危機感から、東和地区で活動する生産者グループ、地域振興グループなどが中心となってゆうきの里東和ふるさとづくり協議会（同年10月にＮＰＯ法人化）を設立した。２００６年7月からは、東和ふるさとづくり協議会が道の駅ふくしま東和の指定管理を受託した。２０１１年3月に起こった福島第一原発事故によって放射能汚染、風評被害など一層厳しい環境に置かれたが、地域住民が主役の地域づくりに取り組んでいる。

東和ふるさとづくり協議会は、「特産加工推進委員会」「あぶくま館店舗委員会」「ゆうき産直支援委員会」「交流定住推進委員会」「ひと・まち・環境づくり委員会」「商品政策（戦略）委員会」という六つの委員会で構成され、事業を展開している。桑の葉パウダーや桑の実ジャムなどオリジナル商品の開発、遊休桑園の再生、道の駅内にある農産物直売所の運営、コープ福島やスーパーでの販売、学校給食への供給、首都圏を中心とした産直などに取り組んでいる。

このうち、交流定住推進委員会が独立就農希望者を受け入れている。東和地区では、合併前から多様な就農サポートを行ってきた。東日本大震災、福島第一原発事故以降も、独立就農者、移住者は増加している。

具体的に、四つのステップで移住・就農をサポートしている。(8)

ステップ１「窓口に相談する」は、県や市など行政と連携した相談窓口があり、新・農業人フェアやふるさと回帰フェアなどでも情報を発信している。ステップ2「見学に行く」は、農業体験や農家民宿に泊まれるツアーを勧め、一人からでも案内する。ステップ3「農業研修を受ける」は、東和地区で就農する意思が確定後、半年から1年間の農業研修を実施する。サポーターとしてベテランの農家が受け入れ、農業技術や経営について学び、地域への順応性を見極める。ステップ4「定住に向けて」は、研修後、定住を決めると、農地と住宅の確保について相談にのり、就農に関する学びの場の提供、販売先の紹介や共有、地元住民との交流などをサポートする。

就農後の販売先については、道の駅や独自の産直ルートなどを紹介している。同時に、冬の農閑期における仕事の確保が重要で、道の駅での雇用、アルバイトの紹介など定住サポートも充実している。農業を含め、様々な仕事を組み合わせながら生計を立てているケースが多い。

有機農業者をどのように育てるか

ここからは、組織ぐるみの農業経営確立型サポートに位置付けられる農事組合法人さんぶ野菜ネットワークを取り上げ、その歴史を紐解きながら有機農業者をどのように育てることができるのか考えてみたい(9)。

農協による無農薬有機部会の発足

千葉県山武市は、2006年に成東町《なるとうまち》、山武町、蓮沼村、松尾町の4町村が合併して誕生した。県のほぼ中央の東部、北総台地に位置し、ニンジンやサトイモ、ゴボウ、ラッカセイなど野菜の産地としても知られている。

さんぶ野菜ネットワークの歴史は、山武郡市農協睦岡園芸部無農薬有機部会の発足に遡る。農協が無農薬の有機部会を立ち上げた背景として、次の2点が挙げられる。

一つは、連作障害による農薬の使用量増加と健康被害への懸念である。単一作物栽培の弊害として連作障害が起こり、土壌病害への対処で農薬の使用量が増加していた。とりわけ、施設栽培は連作を避けることができなかった。ほとんどの農家が農薬の過剰散布に嫌悪感を抱いていた。

もう一つは、農協の婦人部が横浜港で輸入農産物に関する見学会を開いたことである。１９８０年代後半以降、輸入農産物が急激に増加し、ポスト・ハーベスト農薬や植物検疫における燻蒸などの危険性が社会問題となっていた。見学会でポスト・ハーベスト農薬の酷い実態を目の当たりにした女性たちの食への関心が高くなっていったという。

連作障害の回避と食への関心の高まりが重なり、ここに問題意識と有機農業をつなげたのが当時、睦岡支所長を務めていた下山久信であった。東京都出身の下山は、熱心に学生運動に参加するなか、三里塚闘争に深くかかわるようになり、有機農家への援農なども行っていた。

このような経緯を持つ下山が「こういう農業もある」と有機農業を紹介し、まずは三里塚で有機農業を営む下山の義理の弟を講師に勉強会を開催した。園芸部の中で「無農薬で野菜を作ってみよう！」というチラシを回覧すると、30名ほどが集まり、非常に関心が高かったという。その後、１９８７年末から成田空港建設反対派が結成した三里塚微生物農法の会の有機農家などを講師として招き、有機農業に関する勉強会を重ねた。

１９８８年11月には、静岡県伊豆長岡で開かれた第１回有機農業全国農協交流集会に下山のほか、園芸部の部長と副部長も出席し、翌12月に無農薬有機部会を設立した。発足時の部会員は29名、登録圃場は約４・５haであった。

どの農家も、当初は「本当に農薬を使わずに商品となるような農産物を生産できるのだろうか」と半信半疑で、「うまくいかなかったら廃棄すればいいか」と消極的な姿勢だったという。そのため、各農

収穫したラッカセイを積み重ね（地元では「ボッチ」と呼ぶ）、自然乾燥させる

ハクサイなどの収穫物を出荷場へ運ぶ（さんぶ野菜ネットワーク）

家10ａという小さい面積から有機農業を始め、畑には有機農業に取り組んでいることがわかるように、自分の名前を書いて看板を立てた。

無農薬有機部会は試行錯誤のなかで実験的に開始したため、販売先は特に考えていなかった。ただし、せっかく収穫できた野菜を廃棄するわけにはいかず、販売先の開拓に取り組んだ。有機農産物や無農薬農産物を扱っている流通事業体十数社に手紙を書くなど営業を始めると、直接訪問をしなくても、相手から反応を示してくれたという。有機農産物への関心が高まっていた時期とはいえ、有機農業はまだまだ異端視されていたが、農協という看板のもと組織的に取り組んだことが取引先との信頼構築に大きな力を発揮した。さらに、農協が有機農業に取り組むこと自体珍しく、メディアに取り上げられるなど世間からの関心の高さもプラスに働いた。

地道な努力で全量買い取りの実現

こうした状況のもと、真っ先に興味を示したのが株式会社大地を守る会であった。無農薬有機部会の農家は当初、取り組み面積も小さかったため、作物に付く虫を一つひとつ手で潰していた。畑の至るところに農家が歩き回った足跡があり、大地を守る会の担当者が初めて現地を訪れた際、その様子を見て「山武は本気で有機農業に取り組んでいる」と地道な努力に感心し、取り引きが決まったという。

大地を守る会との取り引きは、１９８９年５月から開始し、全量買い取りが実現した。当時の大地を守る会は、１９８７年12月に日本リサイクル運動市民の会と提携し、らでぃっしゅぼーやを立ち上げたばかりで、しばらくの間その仕入れを行っていた。大地を守る会側も取り扱う有機農産物の量が足りないという事情を抱えていた。

市場流通では農産物の出来が良く、豊作のときは価格が下落し、反対に出来が悪く、不作のときは価格が上昇する。そのため、農家にとって安定的な価格と全量買い取りは魅力的な条件であった。さらに大地を守る会との取り引きは、厳格な基準がなかったことも大きかった。農産物の規格は外観に関係なく、大・中・小という3規格のみで、小さいものであっても全量買い取ってもらえたという。

無農薬有機部会の農家は、いずれも日常的に顔を合わせることができ、作物の様子や生産技術に関する情報交換をしていた。勉強会も引き続き行い、千葉県は周年で野菜が収穫できることから、輪作体系の重要性を学んだ。

ところが、開始当初のように10ａという小さい面積では輪作体系をつくることが難しかった。その後、圃場を拡大するとともに、作付け品目数を5品目以上とし、輪作体系を導入した。

例えば、会員農家の転換参入プロセスを見ると、2・2haで5品目を栽培していたが、転換1年目は、病害虫の被害が比較的少ないサトイモから有機農業に取り組んだ。当時を振り返ると、「圃場の全てを有機農業に転換することができるとは考えてもいなかった」という。2年目に60ａまで拡大、10～20ａずつ3～4品目を輪作し、6年目で有機農業に全面転換した。

このように取り組み面積が拡大していくなか、無農薬有機部会が発足して3年目以降、大地を守る会だけではなく、大地を守る会から得た様々な情報をもとに多角的に販売先を拡大していった。

さんぶ野菜ネットワークの設立

無農薬有機部会は会員数を増やしながら、順調に売り上げも伸ばしていったが、新たな課題も生じていた。

一つは、事務局員を安定的に雇用できる体制づくりである。２００１年４月から有機ＪＡＳ認証制度が本格的に始まり、無農薬有機部会もその取得を進めたが、販売先の多様化に伴い、栽培管理記録のような提出書類の作成など煩雑な作業が増加していた。もう一つは、出荷体系に応じた冷蔵設備の整備である。多品目生産かつ多様な取引先を持つ無農薬有機部会は、農協が取り扱う他の農産物とは出荷体系が異なり、冷蔵設備を都合良く使用することができなくなっていた。

以上の理由から、２００５年２月に無農薬有機部会の直接販売組織として農事組合法人さんぶ野菜ネットワークを設立した。農協から受発注業務だけを独立させて事務局員を雇用できる体制を整備し、農産物の集出荷は農協という二重体制が続いていたが、２０１１年11月に新社屋と集出荷場、冷蔵貯蔵施設を建設したことにより、さんぶ野菜ネットワークは農協から完全に独立した。

２０２３年８月時点で組合員が55名（正組合員：41名、準組合員：14名）、登録圃場は69・３ha（有機栽培圃場：41・５ha、特別栽培圃場：27・８ha）である。年間販売高は、約４億円（２０２２年度）にのぼる。年間60品目以上の野菜を周年出荷し、取引先は生協：６割、量販店：３割、外食：１割となっている。作付け調整会議は、春夏作と秋冬作で作付けする数か月前に実施し、取引先に提案する。その後、取引先が検討して生じた過不足分について再度、生産者間で調整し、作付け計画を立てている。

独立就農者の育成

無農薬有機部会を立ち上げて20年以上が経過するなか、部会員の高齢化も進んでいた。農業からリタイアして後継者がいない農家も少なくなかった。新たな担い手の確保もまた、さんぶ野菜ネットワークを設立した大きな背景にあった。

２００８年には、有機農業モデルタウン事業の受け皿として、さんぶ野菜ネットワーク、大地を守る会、ワタミファーム、山武郡市農協、山武市で構成される山武有機農業推進協議会が設立された。山武有機農業推進協議会を実質的に主導し、窓口になったのがさんぶ野菜ネットワークで、主たる活動は就農相談、研修の受け入れ、独立就農サポートである。この間、21名が独立就農を果たし、現在も2名が研修を行っている。多くは、30代半ばまでサラリーマン生活を経験してきた人たちである。

さんぶ野菜ネットワークは、ホームページの開設やイベントの企画、新・農業人フェアへの出展などをつうじて、研修生を募集している。研修生の条件は「有機農業の実践」「山武市で就農」「さんぶ野菜ネットワークに所属」である。就農希望者の関心や就農後のビジョンに合った研修受け入れ先を組合員の中から選定することが重要なポイントになる。研修期間は最低で1年、最長で3年である。

研修中は、同時に就農準備期間にもなる。生産技術や経営手法について学ぶことはもちろんのこと、さんぶ野菜ネットワークに所属する農家や地域住民などと関係性をつくり、就農に必要な情報を収集する。その際、受け入れ農家やさんぶ野菜ネットワークは、研修生と就農計画を立てながら、農地や住宅を斡旋し、スムーズに就農ができるようサポートを行っている。就農後はさんぶ野菜ネットワークに所属し、専業経営になる。

有機農業に取り組みやすい環境を整える

さんぶ野菜ネットワークは、無農薬有機部会の取り組みを含めて長年の積み重ねがある。慣行農家が転換参入という形でスタートし、さんぶ野菜ネットワーク設立以降は独立就農者を育成しながら、組織を発展させている。

受け入れから定着までをサポート

独立就農者の育成について見ると、研修生の受け入れ、就農から定着まで段階的かつ総合的なサポートを行い、軟着陸できる体制を整えている。独立就農者は、有機農業を実践して、販売先も確保しなければならないなど多くの不安材料を抱えている。農業経営確立型における定着サポートの特徴は、販売先が確保されていることで、生産に注力でき、安心して有機農業に取り組む環境が準備されている点にある。

組合員の中には、有機農業に取り組む経験豊富な先輩農家、同質的な経験を積んでいる同世代の独立就農者も多数所属している。定着サポートには販売先の共有とともに、同じ仲間との技術や経営に関する情報交換、日頃の悩み相談も含まれる。

一方で、さんぶ野菜ネットワークから見ると、独立就農者は組織を発展させていくための貴重な戦力になっている。例えば、農産物の過不足や天候不順、想定外の生育不良などが起こったときには、組合員同士融通し合い、出荷量を調整しているが、組合員が増加すれば、そのような相互補完が行いやすくなる。安定的な出荷体制は、取引先との信頼関係の構築へとつながり、出荷量が増加すれば、新たな販売先の確保にもつなげることができ、組織としてさらに発展していく。独立就農者の増加は、「組織力の拡大」と「販売力の強化」という好循環を生んでいる。

この日はサトイモを収穫。独立就農者は貴重な戦力となっている

出荷場の予冷庫。安定した出荷を図る

また、地元農家による転換参入についても注目したい点がある。有機農業の場合、農薬と化学肥料を使用するか、使用しないかという「0か100か」の議論になりがちである。転換参入＝全面転換は、慣行農家にとってとてもハードルが高い。

無農薬有機部会の発足時、まずは圃場の一部という形で、慣行農家に「それならやってみようか」と意識を芽生えさせ、転換参入しやすい環境を整えた。圃場の一部であれば、「失敗しても大丈夫」という安心感を与える。うまくいけばモチベーション

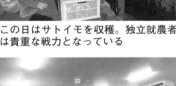

が向上し、徐々に取り組み面積の拡大につながるだろう。

仲間が近くにいる安心感

もう一つ大切な点がある。それは、仲間づくりである。仲間づくりは、独立就農の参入障壁でも指摘したが、転換参入にも共通する。無農薬有機部会で組織的に有機農業に取り組んだことが転換参入を進めた要因の一つである。販売先の開拓における信用形成、安定的な取り引きの確保だけではなく、独立就農同様、同質的な経験をしている仲間が近くにいることで転換参入という障壁を低くする安心感につながった。

〈注釈〉

（1）一般社団法人全国農業会議所全国新規就農相談センター「新規就農者の就農実態に関する調査結果」2022年3月（https://www.be-farmer.jp/uploads/statistics/YV447s7CQjwBYJ30tEht202203231858.pdf）最終閲覧日：2023年8月4日

（2）高橋巌・東海林帆（2010）「新規参入の背景・実態と有機農業：その位置づけと栃木県茂木町における事例分析」『食品経済研究』38、pp.31-58

（3）例えば、野菜くらぶホームページ「独立支援プログラム」（https://www.yasaiclub.co.jp/dokuritsushien/）がある。

（4）詳しくは、倪鏡（2019）『地域農業を担う新規参入者』筑波書房を参照されたい。

（5）筆者の現地調査、および小口広太・靍理恵子（2019）「多様な農の担い手」澤登早苗・小松﨑将一編者、日本有機農業学会監修『有機農業大全：持続可能な農の技術と思想』コモンズ、pp.164-177を参照した。

（6）詳しくは、荒井聡・西尾勝治・吉野隆子（2021）『有機農業でつながり、地域に寄り添って暮らす：岐阜県白川町　ゆうきハートネットの歩み』筑波書房を参照されたい。

（7）筆者の現地調査、および菅野正寿（2012）「耕してこそ農民：ゆうきの里の復興」菅野正寿・長谷川浩編『放射能に克つ農の営み：ふくしまから希望の復興へ』コモンズ、pp.26-53、大江正章（2015）『地域に希望あり：まち・人・仕事を創る』岩波新書、pp.175-214を参照した。

（8）NPO法人ゆうきの里東和ふるさとづくり協議会「東和で人生を耕そう！ふくしま東和移住・就農ハンドブック」（https://touwanosato.net/news/wp-content/themes/michinoeki-towa/pdf/handbook.pdf）最終閲覧日：2023年7月20日

（9）筆者の現地調査、および小口広太（2018）「新規参入サポートをつうじた有機農業の組織的展開とその意義：農事組合法人さんぶ野菜ネットワークを事例として」『千葉商大論叢』56（2）、pp.217-228を参照した。

第6章

有機農業が地域を動かす①

地域に広がる有機農業

ORGANIC FARMING

「コンフリクト」を生む有機農業

生産者主導と農協・行政主導

有機農業の取り組みは、具体的に暮らしが営まれ、農業生産が展開する地域における広がりが鍵を握る。有機農業の地域的展開を類型化すると、「生産者主導」「農協主導」「行政主導」に分けられる。

有機農業運動が始まった当時の動きを見ると、圧倒的に多かったのが生産者主導である。この点は、第3章で取り上げたように、近代農業への対抗という背景を見ればよくわかるだろう。加えて、提携を軸に広がったことから、生産者主導としつつも、当時の消費者グループによる大きな支えがあったことは言うまでもない。例えば、山形県高畠町、埼玉県小川町、島根県奥出雲地域、島根県柿木村、[1]愛媛県明浜町などで先駆的な動きが生まれた。

農協や行政主導の場合は、多くの生産者を巻き込んで、組織化することができ、その展開もダイナミックである。ただし、こうした動きは一部の熱心な農協や行政に限られていた。農協主導は、秋田県仁賀保町の仁賀保町農協、福島県熱塩加納村《あつしおかのうむら》の熱塩加納村農協、岡山県の岡山市高松農協、大分県中津市耶馬溪町《やばけいまち》の下郷農協、兵庫県の神戸市西農協などが挙げられる。[2]さらに、今でこそ行政主導もいくつか見られるようになったが、当時は極めて稀であった。地域づくりの一環として有機農業の推進を位置付けた宮崎県綾町[3]が最も有名である。

こうした取り組みでは、組織内に必ずキーパーソンが存在していた。例えば、熱塩加納村農協は小林芳正、[4]岡山市高松農協は藤井虎雄、[5]神戸市西農協は本野《もとの》一郎[6]である。有機農業の推進と生産者の組織化、地域内自給、消費者グループや生協との提携、地域づくりに展開している点も特徴として挙げられる。綾町では、1966年に就任した郷田實町長によるリーダーシップのもと、農協と連携しながら「自然生態系農業」の推進による有機農業のまちづくりを進めた。

長らくの孤軍奮闘が続く

日本の有機農業は、農業の近代化に対する根底的な批判から始まったが故に、有機農家は地域で変わり者扱いされ、孤立しがちであった。現場を歩くと、ベテランの有機農家は「異端児だった」「変わり者扱いされた」と異口同音に語り、中には「村八分のような扱いだった」と当時を振り返る人もいる。有機農家は、周囲の慣行農家から「有機農業だから害虫が多く発生する」など、根拠のない言いがかりをつけられたり、偏見を持たれ、有機農業に理解を示す行政や農協もほとんどなかった。

そのため、多くの地域で長らく有機農家の孤軍奮闘が続いていた。戦前、戦後すぐの頃、〝当たり前〟の農業であった有機農業は、農業の近代化のもとで絶対的少数派となった。有機農業の性格は、これまで見てきたとおり、農業の近代化とそれを支えた体制に対する根底的な否定から始まっており、それは戦後農政に対する社会的挑戦であったと言える。

このように「異質性」を伴う有機農業は、均質的な農村社会の中で際立ち、意見や利害が対立する「コンフリクト」を生むほどのインパクトを与えた。とりわけ、農薬空中散布のような共同性を求める取り組みへの抵抗は、時に提携する消費者グループの抗議も伴い、有機農家と地域や慣行農家との間で緊張関係を引き起こした[7]。

図表6－1　地域での共同防除に対する対応

（複数回答、単位：名、%）

防除方式＼防除の対応	計	共同防除に参加している	するにまかせている	反対したが難しい	反対したが聞き入れられなかった	反対したので回数を減らした	自分の田畑は除いてもらっている	その他	無回答
計	90(100.0)	27(28.1)	6(6.3)	26(27.1)	3(3.1)	1(1.0)	22(22.9)	5(5.2)	6(6.3)
小型機械	21(100.0)	4(19.0)	1(4.8)	2(9.5)	1(4.8)	−	9 (42.9)	2 (9.5)	2 (9.5)
大型防除機	38(100.0)	13(34.2)	3(7.9)	8(21.1)	1(2.6)	−	10(26.3)	1(2.6)	2(5.3)
空中散布	40(100.0)	9(22.5)	5(12.5)	16(40.0)	3(7.5)	1(2.5)	4(10.0)	1(2.5)	1(2.5)
その他	2(100.0)	1(50.0)	−	−	−	−	−	1(50.0)	−

資料：国民生活センター編（1981）『日本の有機農業運動』日本経済評論社、p.150、表2-29を一部修正し、筆者作成

注：調査時期（1979年11～12月）、回収票数329票（回収率66.2%）うち有効票数305票

図表6－1は、地域での共同防除に対する対応についてである。「共同防除に参加している」「反対したが難しい」割合の高さと農薬空中散布を「自分の田畑は除いてもらっている」割合の低さから、有機農家の主張が思うように通らない実態を読み取ることができる。

高畠町有機農業研究会

山形県高畠町の動きについて見ていく[8]。有機農業の始まりは、農業の近代化、農薬・公害問題、減反政策に対して疑問を持った当時20代の青年農業者が1973年に高畠町有機農業研究会を設立したのがきっかけであった。その背景には、一楽照雄や築地文太郎との出会い、教えがあった。翌年の1974年から有機稲作を開始し、その後、関東圏の複数の消費者グループと提携に取り組んだ。

高畠町有機農業研究会には何人かのリーダーが存在していたが、その中心的存在が自給・自立の思想を説いた星寛治で、若い農家の支えとなっていた。農民詩人としても知られる星は、たかはた共生塾を立ち上げ、有機農業の体験実習を行うまほろばの里農学校では、都市住民に「農のある生き方」を提案してきた。独立就農者、移住者の増加、大学との連携など都市農村交流も活発に行い、高畠に惚れ込む人たちは〝高畠病〟とも呼ばれた、さらに、星は農の教育的価値をいち早く見出し、高畠町教育委員長として「いのちを耕す教育」にも力を注いだ。

1996年、高畠町有機農業研究会は発展的に解散した。翌年の1997年に高畠町有機農業推進協議会が設立され、行政と農協が事務局を担当し、町内の有機農家、団体が幅広く参加した。2008年には「有機農業の推進」も明記された「たかはた食と農のまちづくり条例」が策定された。

環境社会学を専門にする谷口吉光（秋田県立大学教授）は、行政の取り組みにはまだ物足りなさはあるが、地域での有機農業への理解は深まっており、その到達点として「農民運動としての展開」「有機農業の実施面積と農家数の広がり」「消費者との提

自給・自立を説いてきた星寛治

有機栽培に切り替え、39年目になる水田（2012年、山形県高畠町）

これまで開催してきた一楽忌の際の記念写真を飾る（和田民俗資料館）

成熟期を迎えた有機米（コシヒカリ）

携や産直による支え」「都市農村交流や移住者の受け入れ」などを挙げ、高畠町における有機農業運動50年の実績と広がりを「農民運動が築いた自主・自立の共同体」と評価している[9]。

ただし、有機農業の取り組みが始まった当時の状況を見ると、提携する消費者グループが遠距離かつ広範囲に拡大するなか、その関係性を維持するために多くのエネルギーを費やしながら、農薬の空中散布をめぐっては、地域や地元農家との間でコンフリクトが生まれていた。高畠町有機農業研究会の実践は、組織的かつ運動的姿勢を強く押し出す形で展開したため、むら社会の中で孤立し、なおかつ消費者グループの考え方や動向に強い影響を受けながら多極化していく複雑なプロセスを経ていた。

提携を軸にした地域の自立へ

有機農業運動は、提携を軸にしながら生産者と消

図表6－2　近隣・地域の農家の反応（複数回答、単位：名、％）

		計	病害虫が出ると苦情を言う	うまくいくはずがないと思っている	無関心	地域のまとまりをくずすと批判的	結果に注目している	なにかと協力的	考え方を変えつつある	共鳴して始めた人がいる	その他	無回答
計		305 (100.0)	25(8.2)	79(25.9)	116 (38.0)	20(6.6)	96(31.5)	14(4.6)	93(30.5)	79(25.9)	22(7.2)	19(6.2)
有機農業開始年	～64年以前	29(100.0)	4(13.8)	5(17.2)	11(37.9)	－	8(27.6)	5(17.2)	10(37.5)	12(41.4)	2(6.9)	4(13.8)
	65～69年	36(100.0)	4(11.1)	6(16.7)	11(30.6)	5(13.9)	10(27.8)	2(5.6)	11(30.6)	14(38.9)	1(2.8)	2(5.6)
	70～74年	106 (100.0)	8(7.5)	28(26.4)	34(32.1)	5(4.7)	34(32.1)	2(1.9)	37(34.9)	31(29.2)	7(6.6)	4(3.8)
	75～77年	91(100.0)	9(9.9)	25(27.5)	39(42.9)	9(9.9)	32(35.2)	2(2.2)	28(30.8)	20(22.0)	9(9.9)	3(3.3)
	78～79年	81(100.0)	－	10(37.0)	15(55.6)	－	8(29.6)	3(11.1)	5(18.5)	1(3.7)	3(11.1)	3(11.1)
消費者との提携	個人で提携	62(100.0)	12(19.4)	23(37.1)	29(46.8)	7(11.4)	21(33.9)	5(8.1)	17(27.4)	18(29.0)	3(4.8)	2(3.2)
	集団で提携	81(100.0)	6(7.4)	22(27.2)	17(21.0)	9(11.1)	32(39.5)	4(4.9)	36(44.4)	30(37.0)	6(7.4)	4(4.9)
	提携していない	158 (100.0)	7(4.4)	34(21.5)	71(44.9)	4(2.5)	43(27.2)	4(2.5)	40(25.3)	30(19.0)	12(7.6)	11(7.0)

資料：国民生活センター編（1981）『日本の有機農業運動』日本経済評論社、p.151、表2－30を一部修正し、筆者作成
注：調査時期（1979年11～12月）、回収票数329票（回収率66.2％）うち有効票数305票

費者の関係性を重視し、都市と農村の連帯をつくり出してきた。こうした実践は、地域をどのように変えてきたのだろうか。

図表6－2は、近隣・地域の農家の反応についてである。「無関心」や「有機農業はうまくいくはずがないと思っている」近隣農家が多くいる一方で、周囲の農家の考え方と姿勢を変えつつある様子も浮かび上がっている。

国民生活センターによる研究では、地域の風土に根ざし、豊かな自給体系をつくり出していこうとする「地域内循環（ストック）を生かす自立と互助の地域（ムラ）づくり」が有機農業運動の共通認識となりつつあり、新しい理念が胎動していることを指摘している[10]。さらに、島根県奥出雲地域、和歌山県那智勝浦町色川地区、愛媛県明浜町という中山間地域を対象に調査を実施し、有機農業の実践が都市との提携運動に支えられながら「地域の自給・自立・自治」へとつながっていく地域再生の視点を示している[11]。

このような研究において中心的な役割を担った環境社会学を専門にする桝潟俊子（淑徳大学教授）は、これまで取り組んできた現地調査を踏まえ、有機農業運動の到達点を検討している。そこでは、生産者と消費者が相互扶助の原理のもと実践する提携を「生命共同体的関係性」にもとづく「親密圏」として捉え、そのような〈提携〉のネットワークを軸に、各地で展開した有機農業運動が地域の多様性と循環性を保障する「持続的な社会経済システム（循環型地域社会）」の形成へと転化しつつあることを明らかにしている。[12]

地域協同組合無茶々園（愛媛県明浜町）

地域協同組合無茶々園の取り組みについて見ていく。[13]

明浜町は県の西南端にある西予《せいよ》市に位置し、東西に長い農漁村である。有機農業の始まりは、近代農業への疑問が背景にあった。戦後、農業の近代化政策によって柑橘専作への転換が奨励され、明浜でもみかんブームが起こったが、1967年の大干ばつによって深刻な被害を受け、翌年には生産過剰による価格の暴落が始まった。その後、1971年にグレープフルーツの輸入が自由化され、追い打ちをかけた。

明浜では、産地間競争を生き抜くために、温州みかんから伊予柑やポンカンなど当時は高級品種であった晩柑種への更新を進めた。ところが、それらは温州みかんに比べて栽培が難しく、それ以上に農薬と化学肥料の使用を必要とした。そのため、農家の健康被害、土壌や環境の破壊につながることを感じ取った後継者3名が、1974年5月から実験的に伊予柑の無農薬栽培を開始した。同じ愛媛県の伊予市で自然農法を実践していた福岡正信の農園にも見学に行ったという。

実験と研究を積み重ねて徐々に成果が出ると、生産者数、生産量ともに増加し、1989年には有機農業の共同化を進める農事組合法人無茶々園を設立した。

無茶々園グループの四つの法人

現在、無茶々園グループは農事組合法人無茶々園、農産物や海産物の加工、流通・販売を手掛ける株式会社地域法人無茶々園、大規模農場の経営、独立就農や雇用就農の受け入れ、サポートを行う有限会社てんぽ印、福祉事業に取り組む株式会社百笑一輝という四つの法人があり、地域協同組合無茶々園が事務局として全体を取りまとめている。

てんぽ印は、ファーマーズユニオン天歩塾と有限会社ファーマーズユニオン北条を2018年に統合し、設立。明浜以外でも農地を借り、五つの農場がある。役員・社員の大半がIターン者である。

地域法人無茶々園は、1993年に設立された。販売数量、取引先の増加に伴う事務負担が大きくなり、販売部門を独立させて物流管理機能を強化した。さらに、地域への展開として、農事組合法人では取り扱うことができない海産物（ちりめんじゃこ、真珠など）の取り扱いも始めた。加工品の委託製造や商品開発、地域の多様な産物を全国に発信する地域商社としての役割を果たしている。

主な販売先は、直販会員とオンラインショップ、生協（パルシステム、生活クラブなど）、オイシックス・ラ・大地株式会社など宅配事業者、小売・仲卸業者と学校給食などである。特に、オンラインショップが新しい顧客の窓口となり、販売の広がりができたという。

図表６－３　格付けの設定基準

格付け	栽培方法	当年の防除内容	備　考
1	農薬不使用による栽培	なし	バイオリサも除外
2	JAS有機栽培に準じる栽培	有機基準農薬のみ	補植防除園も含む
3	自主基準の低農薬栽培	化学農薬1 ～ 3回	カメムシ発生時は4 ～ 9回までの特例あり
4	パルシステムエコ基準（特別栽培）	化学農薬5割・化成肥料5割削減	除草剤使用不可
5	一般栽培	慣行的防除（愛媛県基準）	

注：バイオリサとは、難防除害虫であるカミキリムシ類に有効な微生物農薬
資料：無茶々園提供資料より筆者作成

図表6－3のとおり、無茶々園には独自の格付け基準がある。どの基準で栽培するかは、会員農家に委ねている。明浜の場合は小さな畑が入り組んでおり、もともとJAS有機基準に合致しにくい地形だが、加えて、近年はカメムシやカミキリムシなど病害虫の被害がひどくなっている。

明浜の温州みかんは、かつて有機栽培が可能だったが、現在はJAS有機基準の農薬だけでは対応が難しくなっている。そのため、独自の基準にもとづき、栽培方法の透明性と無茶々園ブランドを維持していくことが必要で、顧客とのコミュニケーション、対話がより重要性を増している。

明浜以外のてんぽ印の農場では、約9割が有機栽培である。異常気象の頻発によって適地適作が変わってきているが、こうした状況に対応しながら、作物の生理や風土を踏まえ、これまで培ってきた有機農業の技術を地域に応用していくことが求められている。

温州みかんを収穫する無茶々園の生産農家

てんぽ印の若手農家

新たな産業を生み出す経済循環

無茶々園グループは、組織的かつその連携を深めながら地域に有機農業を広げ、その価値を理解する販売先の拡大を両輪に地域ぐるみで展開している。

近年は、世代交代が進み、有機農業運動を牽引してきた第1世代から後継者、Iターン者が中心となって第2世代に活動が継承されつつある。

第2世代は、第1世代の理念や精神を引き継ぎ、それを現代の文脈にうまく置き換えながら、オンラインショップの開設、地元のデザイナーと連携したパッケージデザインのリニューアル、さらに柑橘類の果皮から抽出された精油を使用した化粧水やエッセンシャルオイル、石鹼などを開発するコスメブランド「yaetoco」の立ち上げのように新たな挑戦が生まれている。

無茶々園の取り組みは、有機農業の生産から加工・流通・販売による「地域の六次産業化」、住民の暮らしづくりを進める「地域福祉」までを担い、地域づくりとその先にある「地域の自立」を見据えた取り組みに発展している。その結果、地元住民やIターン者の雇用の受け皿となり、新たな産業を生み出す経済循環が生まれている。

緩やかで共存的な有機農業の広がり

埼玉県小川町：地域の概要

埼玉県小川町の動きについて見ていく。(14) 小川町は、県の中央部よりもやや西に位置し、周囲を嵐山《らんざん》町《まち》、ときがわ町、東秩父村、寄居町に囲まれている。都心から60㎞圏内にあり、池袋駅から1時間10分程度の通勤圏内にあるため、ベッドタウンにもなっている。町内には東小川、みどりが丘という二つの地区に新興住宅地がある。

伝統産業としては、和紙や絹、建具、酒造などがある。本町通りと言われる国道254号線は、生糸を運んだシルクロードと呼ばれ、宿場町であった。和紙と絹で栄えた小川町は、江戸末期から明治初期にかけて県内でも屈指の人口を抱え、多くの人で賑わう商圏であった。

また、盆地にあり、夏は暑く、冬は寒い。綺麗な水も流れているため、周辺地域も含めて豆腐屋や造り酒屋が多い。造り酒屋は、最盛期に約20軒あったが、現在は3軒のみである。

霜里農場の実践と思想

小川町は、有機農業の先進地として知られている。その起点をつくったのが霜里農場を営む金子美《よし》登《のり》・友子夫妻である。金子夫妻は、１９７１年から有機農業を実践し、有畜複合経営に取り組んだ。

その後、霜里農場が研修生の受け入れを開始し、独立就農者の取り組みが先発的に広がった。さらに、霜里農場も耕作する下里一区の水田において、集落ぐるみの転換参入が進展し、段階的かつ緩やかに有機農業の広がりが形成されている。

金子夫妻は、その功績が認められ、有機農業開始50年の節目にあたる２０２１年4月に、世界をより良い場所にする人びととその活動を称えるためにRapunzel Naturkost（ラプンツェル社）によって設立されたOne World Award の Lifetime Achievement Award（生涯功労賞）を受賞した。生涯功労賞の選考には国際有機農業運動連盟（ＩＦＯＡＭ）が参画しており、有機農業の分野で影響を与えてきた個人を称える賞である。

金子美登による有機農業への決意

金子は、１９４８年に小川町下里で生まれた。祖父母の代は養蚕と機織り、１９５０年代初頭に両親が酪農を始め、１９６０年代に入ると、乳牛を30頭まで増やした。金子も小学生の頃から酪農を手伝い、地元の農業高校に進学した。

このような環境のもとで育った金子は、市販の牛乳がおいしくないことに疑問を持ち、「とにかくおいしい牛乳を直接消費者に届けたい」と考えるようになった。

また、飼養規模の拡大によって乳牛の弱体化が進み、輸入飼料（大豆粕）への依存によって無脳症の奇形が生まれていたという。

１９６８年、農林省（当時）が設立した農業者大学校に1期生として入学すると、在学中に社会と農業を揺るがす出来事が次々と起こった。例えば、全国各地で公害問題が噴出し、１９７０年には母乳から高濃度の残留農薬が検出され、米の減反政策も始まった。金子は、減反政策について筆者に次のように述べている。

「草を生やしたままでもお金がもらえるとなると、このままでは農民はやる気がなくなる。そうなれば、主食であるお米も大事にしなくなり、そのうち輸入されるようになる」

こうした状況のなか、金子は農業の存在理由を問い詰め、「安全でおいしくて、栄養価のある農作物をつくれば、誰かが支えてくれるのではないか」と有機農業への決意を確実なものにした。その当時、「有機農業」という言葉はなく、「生態学的農業」で消費者と直接つながることをテーマに卒業研究を書き上げた。

農業者大学校入学前は、経営を拡大し、乳牛の飼養頭数を増やしていくことを目指していたが、1971年から有機農業を始めると、飼料の自給が可能な規模に頭数を減らし、有畜複合経営に切り替えていった。

農業者大学校は、ドイツの農業教育をモデルに地域農業のリーダーとなる人材を育成する農業者教育機関であった[15]。金子にとって農業者大学校での学びは、大きな転機となった。講義内容は、農業分野だけではなく、人文・社会科学、法律、経済など多岐にわたり、全国から著名な講師が招かれていた。この中に、一楽照雄もいた。そのため、金子は日本有機農業研究会発足当初から深くかかわり、青年部の立ち上げや幹事として組織を牽引した。

日本有機農業研究会には、学者や医者も多く参加していたことから、そのつながりを生かし、週1回のペースで、土壌微生物学が専門の足立仁（玉川大学農学部長）のもとに通って講義を受けた。金子は「良き師との出会いが有機農業を支えている」と振り返っている。

提携の開始

霜里農場の根幹にある考え方は、「自給・自立」で、単なる有機農業の実践ではなく、「有機農業で豊かに自給する農業」を徹底している。

金子は、生産者の豊かな自給を消費者の食卓に届けるという考えのもと、提携に取り組んだ。金子家では、牛乳はメーカー、繭は市場に出荷していた。提携は直接消費者の反応を見ることができるため、特に母親が一番喜んでいたという。

霜里農場の提携は、1975年から1977年4月と1977年7月から現在に至るまで、二つの時期に区分できる。

金子は、町の農業祭で知り合った若い母親たちと環境問題や有機農業をテーマに読書会を月1回企画し、有機野菜を手土産に持たせて地道につながりをつくっていった。その後、1975年4月から消費者10軒とグループ形式による「会費制自給農場」を開始した。当時の耕作面積は水田80a、畑120aほどで、主食の米を基本に野菜、卵、牛乳を届けた。オイルショックも起こり、自転車で配達できる範囲で、「小さな自給区づくり」を目指したのである。

会費は、一世帯当たり月2万7000円とし、そのうち7000円が種や燃料などの経費、残りの2万円が利益になる設定にした。ところが、半数以上の消費者から会費に対して「高いのか、安いのか」という意見が出され、中にはスーパーや八百屋の値段と比較して、野菜の量を計り直していたという。

また、この提携では週1回の援農をやや強制的に実施していた。貴重な交流の機会にもなり、消費者が生産現場に目を向け、有機農業への理解につなげるためであった。一方で、「小さい子どもがいる」、「夫の理解がない」などの理由から参加できない消費者もいた。強烈な個性を持った消費者からは、「援農にも積極的に、むしろ強制的に週1回は出たんだし」「田畑も消費者で平等に分けてもいいんじゃないか」と厳しい問い詰めにあうこともあっ

牛の世話をする金子美登。半世紀前から有畜複合経営の有機農業を実践

無農薬のイチゴ栽培も確立（霜里農場）

たという。

この間、予想もしていなかった問題が次々と生じ、継続したいという会員もいたが、1977年におよそ2年でやむなく会費制自給農場を終了させた。有機農業や有機農産物が一般的に認知されていなかった当時、提携という革新的な取引手法は、生産者と消費者の双方にとって手探り状態であったと言える。

提携の再スタート

霜里農場は、1977年7月から「お礼制農場」として提携を再スタートさせた。主な変更点は、消費者を一つのグループに組織するのではなく、農家1軒と消費者1軒というつながりの積み重ねで10軒とし、会費制から消費者の裁量に委ねる「お礼制」にしたことである。消費者との関係性は、消費者同士が横のつながりを持たない個別提携に切り替え、その範囲も町内に限定するのではなく、東京にまで広げた。

金子は、「いのちを育む食べもの」を工業製品と同じ商品として扱い、値段をつけることに疑問を抱いていた。お礼制では、会費制のときに設定した月2万7000円を参考にして消費者側に価格の決定を委ねた。

金子は、お礼制について次のように述べている。

「今までのプラスマイナスの足し算引き算の関係でなくて、心の掛け算みたいな感じになりまして、うちから届けた小麦粉で消費者の家庭でクッキーとかパンを焼いて待っていてくれるとか、おばあちゃんがエプロンをつくってくれるとか、今までの金の損得の関係では考えられなかったような心を大事にする関係ができたのは本当によかったと思っています[16]」

「お礼制に切り替えてから、百姓として解放された」という金子は、技術レベルも向上し、1981年から10軒以外の消費者にも野菜と卵のセット（一袋野菜）を届け始めた。

現在、霜里農場は約40軒の消費者と提携している。町内および周辺地域の消費者が約30軒、残りの約10軒は東京の消費者である。宅配便も若干あるが、自家配達で直接消費者のもとに届けるというスタイルは一貫している。提携に加えて、町内、周辺地域の加工業に酒米、小麦（醤油、乾麺）、大豆（豆腐、納豆、醤油）、農産物直売所などにも野菜や平飼いの卵を出荷している。

研修生の受け入れと独立就農サポート

金子は、高度経済成長期を経て農業と農村が大きく変化するなか、「このままでは農家の子弟が後継がなくなる」と思い、1979年という早い時期から毎年一人ずつ研修生を受け入れた。これまで受け入れた研修生のうち9割以上が町外かつ非農家出身で、農家ではなく、「農業の後継者づくり」に力を注いだ。

住み込みの研修生は、1年に一人ずつだったが、2000年代に入ってからは長期（1年）の研修生が毎年4～5名おり、短期（1～6か月）や週1～2回など通いも含めると、年間10名ほども受け入れていた。これまで育った150名以上の人材が全国で活躍している。

研修後に町内で独立就農する場合、霜里農場が橋渡し役となり、住宅や農地など経営・生活資源の確保をサポートしている。就農後も研修先との距離が近い分、機械の貸し出しや技術・生活面での相談など定着するまでの間、物心両面でのサポートを受けることができる。そのため、金子は研修後の就農地を重視して研修生を受け入れた。研修生が県外で就農する場合は、その地域で中心的な役割を担う有機農家を紹介し、スムーズに就農できるよう側面的なサポートを行っている。

霜里農場では、営農技術や経営について学び、イベントやむら仕事への参加などをつうじて、地域と様々な接点を持つことができる。研修中に構築したつながりは、独立就農する際に生じる様々な障壁を緩和する貴重なサポート源になっている。

地場加工業との連携

霜里農場が提携する消費者は、1980年代半ばに30軒まで増え、経営が成り立つ見込みが立った。

金子は「自分の経営だけではなく、むら全体を良くしよう、むらを興そう」と1980年代後半から新たな展開を視野に入れた。

「これからは有機農業と地場産業がともに良くなって、それを地域の消費者が支えて、内発的に発展するむらづくり、まちづくりが大事になる」と考え、霜里農場の元研修生で同じ集落に就農した独立就農者と地場産業研究会を立ち上げた。その後、下里有機グループを発足させて、小麦や大豆を共同で出荷することになる。

1987年、農薬空中散布が中止となり、米も完全に有機栽培に切り替えることができた。これをきっかけに、町内の晴雲酒造と無農薬米の酒づくりを開始し、1988年6月に「おがわの自然酒」が完成した。その後、とうふ工房わたなべ（ときがわ町）と豆腐、納豆を商品化するなど、町内および周辺地域の加工業と連携を進めていった。

むら、地域への視点

霜里農場は下里二区にあり、畑地は全て住居のまわりに広がるが、水田は下里一区で耕作している。下里二区に水田はなく、地元農家との接点は共同性が求められる水田を中心につくっていた。金子は下里一区を「むら」、町全体を「地域」と表現し、有機農業の取り組みを点の存在に終わらせるのではなく、むらや地域へと広げていくことを常に意識していた。

例えば、金子は会費制自給農場で設定した会費について次のように述べている。

「最初はこういう試みが周りの農家へも広がってほしいという思いがあって、それと親父の酪農経営が月収20万位だったので、純収入が20万くらいなら他の百姓仲間も始めてくれるんじゃないかと思った」[17]

金子は自給率が低く、農業を軽視する日本について「根のない国づくりをしている切り花国家」と独自の造語で表現している。

「結局、農民が生命を支える食べもの、環境を守る農業、そういう生産の喜びと誇りを取り戻してやると、元気になるんですよね。そういう元気な農民が生まれるとむらが美しくなる。美しい国を１００回唱えても駄目なんですよね。元気な農民がむらづくりをするということが美しいむらにつながるのではないかなと思います」

わが家・わが町の自給運動

１９７５年から開始した提携では、町内の消費者と小さな自給区づくりに取り組んだが、それを自己完結させるのではなく、町内にいくつもつくり、その総体として「地域自給」を目指していた。その後の経営は、常に地域を見据え、金子がよく「餅は餅屋」と述べているように、「有機農業と地場産業がともに栄えるまちづくり」も、地域自給と同じ線上にある。

また、１９９９年には町議会議員に当選を果たし、「健土・健食の町づくり」を掲げ、わが家・わが町の自給運動を進める「食・エネルギー自給－循環型の町づくり－」、町内の地場産業を積極的に支援、内発的発展の町づくりを目指す「有機農業と地場産業とが共に良くなる町づくり」を進めていた。

農薬空中散布への対応

下里一区の水田では、１９７５年頃から農薬空中散布が始まった。金子は自分の水田に赤旗を立て、提携消費者とともに町や農協に空中散布中止を陳情に行き、むらの中で一人反対した。金子が地元消費者と会費制自給農場を始めたのは、空中散布を止めたいという思いもあったからである。空中散布の中止を役場の担当課と農協に申し入れると、次の日に農協の役員が全員で家に押しかけ、空中散布中止による病害虫の発生の危険性を訴えてきたという。

見学者に廃食油を再利用するトラクターについて説明する金子美登

苗が丈夫に生長し、分けつ期を迎える

「押し通せば空中散布をやめさせることもできるんだけど、村八分的な存在になっちゃうわけです。でも今考えてみると、そういう問題提起をしておいたことは良かったみたいですね[18]」

1980年代後半に米の自由化をめぐる問題などが起こり、金子は「これが最後の勝負」という気持ちで再度役場の担当課に空中散布中止の申し入れを行ったところ、最終的には農家同士で決めるように言われ、夜中まで話し合いが続いたという。

「農薬を止めたら、病害虫が多発するという人もいますし、美登ちゃんがあんだけがんばって言っているんだから、1年休んでみようと決を取りましたら、6：4くらいでいいよとなって、おかげさまで1年休むことになりました」

空中散布は朝方行われていたため、その下を通学路として利用していた子どもを心配する母親からの後押しもあったという。

「その年はもう空中散布を止めて、病害虫が出て、私が責任を負わなくちゃということで、大変気をつかいまして、イネゾウムシとかも、田んぼに入って全部手でつぶしたりして、気をつかったんですけれども、収穫の秋になって、空中散布を止めても、病害虫が出ないんですよね。ですから、それ以降は、農家がだんだん農薬の回数を減らしていくことにつながります」

12年かけて農薬空中散布の中止

空中散布中止後、病害虫の被害が出なかったため、それ以降は実施されなかった。空中散布が中止になったのは1987年で、足かけ12年もかかった。これまでの対応から、金子がどのような姿勢で有機農業に取り組んでいるのか、その一端を見ることができる。

金子は、空中散布に対して反対行動を起こしたが、それを問題提起にとどめた理由について次のように述べている。

「むらの人はよく人の畑を見ています。良いと思ったら素直にそれを評価してくれるんです。むらに波風を立てないように、有機農業でも野菜、米がよく育つことをこつこつ証明しようと思いました」

また、むらの中で置かれていた状況について次のように述べている。

「農薬を使わないとか化学肥料を減らして使わない方向にしてゆくっていうのは、村では言葉や文章には絶対できない雰囲気だったんです。もう必ず変わり者と思われちゃうわけです[19]」

周囲の厳しい状況をよく理解していた金子は、共同防除の際は「変わり者にされたくない思いで、農薬は撒かないで化学肥料をちょこちょこって一緒に撒いたりしてごまかしたり[20]」し、日本有機農業研究会で学んだことを周囲の農家に話すこともなかったという。

金子は、農業者大学校を卒業すると、「むらと大地に根を張って生きる、そして、祖先から未来のことまで見なくてはならない」という決意のもと、有機農業を開始した。つまり、農家の後継者としての強い意識がその姿勢に反映されている。

「この小川町に生まれ、農業後継者として、村のなかでめだたないように、村の仕事もこなしながらこつこつと有機農業をやってきたことなどの理由からか、私個人への風当たりは比較的小さいのです[21]」

ここまで、霜里農場の実践とそれを支える思想を見てきた。金子は、1971年という早い段階から有機農業に取り組み始めたが、それは農業の近代化に対するアンチテーゼで、極めて価値志向が強いものであった。

また、金子は挫折の経験から、組織化された消費者との提携に取り組むことはなかったが、むらや地域への視点を持ち、地場加工業との連携を積極的に構築していった。

その一方で、金子は有機農業に取り組む強い信念を持ちながらも、むらの中ではその正当性を主張することはなかった。そのため、むらとの対立的な関係をつくらぬよう意識的に運動的姿勢を隠しながら、「一農家」として過ごしてきた。このことは、農家の後継者として生まれ、これからもこの地で生きていくという自覚のあらわれである。

独立就農者の増加

１９８０年代半ばになると、霜里農場の研修生が町内で初めて独立就農した。それ以降徐々に増加し、有機農業の広がりをつくるきっかけになった。

有機農業生産グループの設立

１９９５年には、14軒の有機農家が小川町有機農業生産グループを設立した。組織の性格を見ると、細かい参加条件、活動規則などはなく、専業・兼業を問わず、研修生、町外から通う農家など様々なメンバーで構成されている。小川町で有機農業を始めたからといって、生産グループに参加する義務はなく、強制力のない緩やかな組織である。

小川町では、独立就農者のほとんどが有機農業を選択している。研修の受け入れ先の充実によって、２０００年代以降、独立就農者が増加し、２０１０年前後からは毎年2~3人ずつのペースで就農している。

このような第2・第3世代は、第5章で見たとおり環境問題や持続可能な社会の実現を背景に、農業を生活の中心に置いた生き方が動機にある。その就農プロセスを見ると、そのほとんどが町内の有機農家のもとで研修を行い、参入障壁を緩和している。就農後は、研修先が継続して経営基盤形成の端緒を提供する例も見られるが、就農前、研修中、就農後に構築した町内外に広がる独自のネットワークをサポート源として活用しながら、多様な経営を展開している。

「兼業」と「自給＋α」が中心

図表６－４は、小川町における独立就農者の姿である。独立就農者は、「生き方としての有機農業」を出発点にしながら、世帯の仕事という観点から見ると、「専業」「兼業」「自給＋α」という三つのタイプに分けられるが、この中でも「兼業」「自由＋α」が多くを占めている。さらに、専業経営は経営の安定化に向かう「ベテラン専業」、経営を模索する「若手専業」、兼業は若手による「専業志向」、自給＋αを含めて専業にはこだわらず、農のある自給

図表6－4　小川町における独立就農者の姿

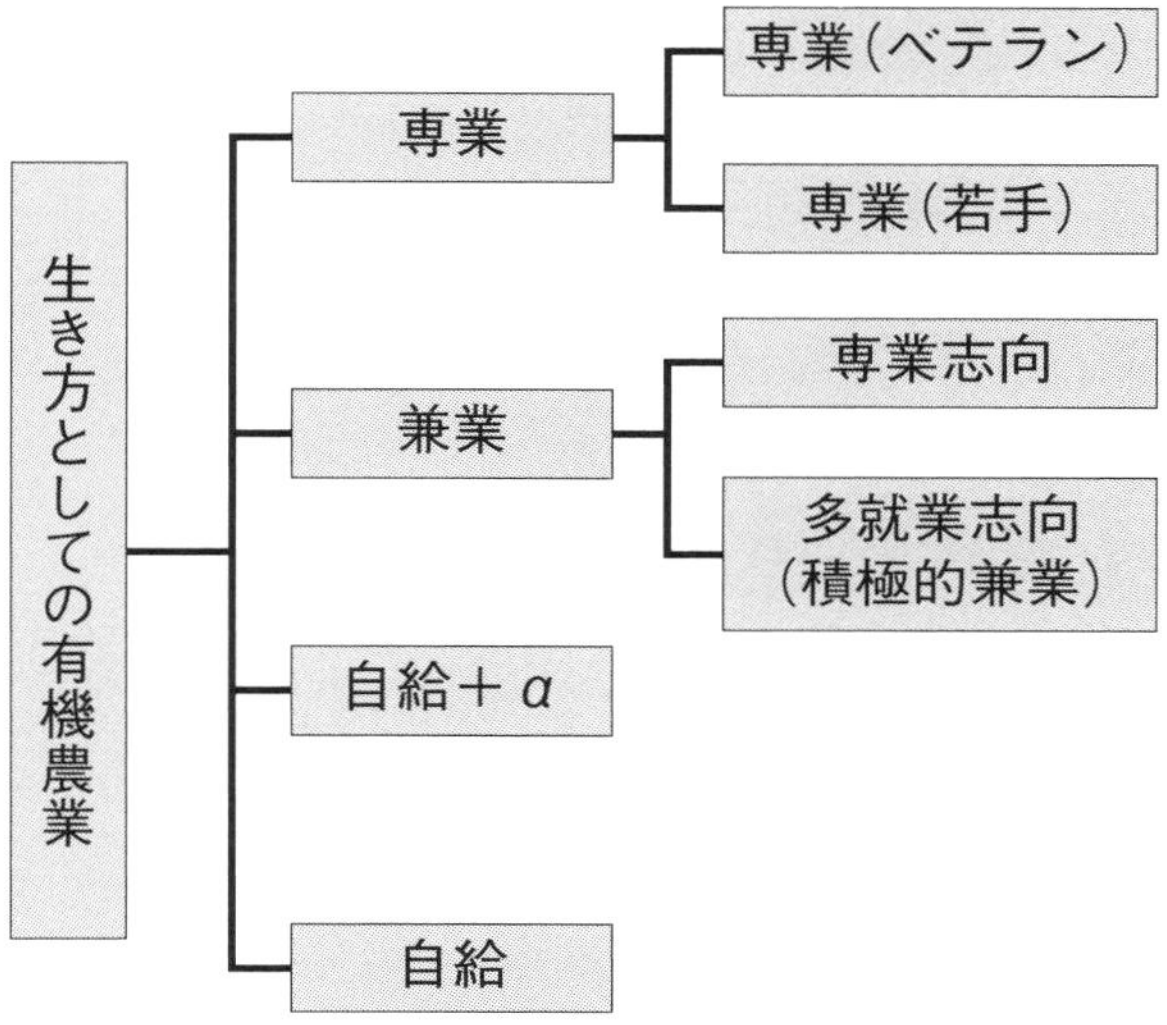

資料：アンケート調査より筆者作成

的な暮らしを心掛ける「半農半X」に分かれる。

1980～1990年代に就農した第2世代は、経験を積み重ねるなかで、独自の経営スタイルと方向性を打ち出しているが、飲食店向けの出荷重視、水田と加工業との連携重視、消費者との提携と交流重視というように、小川町で存立可能な有機農業経営の方向性を示している。そして、自身の経営だけではなく、法人化や共同出荷などこれからも増加する独立就農者の経営安定化と定着を見据えた取り組みも見られる。

第3世代は、専業志向の場合、そのような第2世代のサポートを得ながら、まずは経営の定着があり、その方向性の模索段階にある。これから第2世代のようにステージを変化させながら、経営を展開していく。

半農半Xのような兼業スタイルは、これまで農外の収入をメインにする自給＋α、農業を補完する形でアルバイトをするパターンが多かったが、農業に軸を置きながら他の仕事も組み合わせる「多就業志向（積極的兼業）」という新しいスタイルも生まれている。

有機の里づくり：下里一区

下里地区は、1889年の市制・町村制において合併した藩政村（大字）で、四つの集落からなる。

その一つ下里一区は、周囲を里山に囲まれ、その間に細長く約17haの水田があり、農村の原風景を残している。畑地では、自給用野菜や果樹が作付けされている程度である。

戦後、下里一区では、水田の耕作面積50aほどの農業と林業を営んでいた専業農家が5軒ほどあっただけで、大半は耕作面積20aほどの小規模農家が占めていた。1950年代後半になると、徐々に復活し始めた木工所のような地場産業のほか、東京での土木作業といった労働需要が生まれ、多くの農家が現金収入を求めて町内外に働きに出ていった。そのため、農業の兼業化と離農が進み、少数の専業農家と高齢者、女性が農業の中心を担うようになった。

戦後の農業は、自給用の米と裏作で麦、畑地では桑が栽培されていた。養蚕は、戦前から1970年代にかけて農家の生計を支える貴重な収入源であった。乳牛や鶏なども取り入れ、深刻な燃料不足への対応と和紙の原料である楮《こうぞ》を煮る燃料として、冬季に木炭や薪を生産し、林業も盛んであった。

1960年代以降、養蚕や林業が衰退するなか、1967年に山を所有している農家9軒で組合をつくり、椎茸栽培を開始したが、安価な生シイタケの輸入増加に伴い価格が下落したため、農家も次々と組合を脱退していった。

下里一区の農家は、不利な営農条件のもと、複合経営に取り組んで生計を成り立たせていたが、高齢化や後継者不足が進み、農道や水路の維持管理が十分に行えないなど、営農環境は悪化していった。

このような課題を解決する目的で、1988年から圃場整備を開始し、転作作物の小麦、大豆を栽培するブロックローテーション方式を導入した。圃場整備を終えた1990年8月には、下里機械化組合が設立されたが、圃場整備と大型機械の導入によって作業効率は改善したものの、農協への出荷だけでは利益が挙がらず、厳しい経営状況が続いていた。

大豆と小麦の共同出荷

専業農家である安藤郁夫は、農家の減少と耕作放棄された水田の増加を憂慮し、同じく下里一区の水田を耕作している金子に相談した。すると金子は、「空き地に大豆をつくれば、売ってあげますよ」と、すでに大豆を出荷していたとうふ工房わたなべなどを紹介し、その際の出荷条件が「有機農業」であったという。

安藤は、2000年頃から耕作放棄地を借りて大豆の栽培を開始した。2003年から下里機械化組合が作業を受託して面積を広げると、2004年には小麦も有機農業に転換した。大豆と小麦は、下里機械化組合が地権者から農地を借り、生産から収穫、袋詰め、販売までを一貫して請け負い、霜里農場や独立就農者が構築してきた近隣の地場加工業(豆腐、醤油)に共同出荷ができた。

こうして、有機農業に転換した際に課題となる販売先の確保も、周囲のサポートで解決できた。下里機械化組合の経営が改善に向かったのは、地場加工業への出荷が軌道に乗り始めた2003年以降のことである。ただし、米は事情が異なっていた。堆肥散布、収穫、乾燥といった作業を下里機械化組合が請け負っているが、生産と販売は個々の農家に任され、有機農業への転換がなかなか進まなかった。

こうした状況のもと、2006年に安藤がいち早く有機農業に転換した。その後、2007年から始まった農地・水・環境保全向上対策による営農活動への支援を受け、水田約17haがその対象となった。同年5月に、下里農地・水・環境保全向上対策委員会(以下、農地水委員会)が設立され、これをきっかけに、転換参入者が徐々に増加した。

農地・水・環境保全向上対策

農地・水・環境保全向上対策は、集落や地域を対象に水路の保全や生きもの調査などの共同活動の支援と有機農業や減農薬・減化学肥料による営農活動への支援(直接支払い)を一体的に進めることを目的にしていた。

ハード面の活動では、営農活動への補助金で安藤がつくった堆肥や有機質肥料を購入し、土壌診断を定期的に実施しながら施用した。このほかにも、温湯消毒、雑草対策として米糠とくず大豆を混ぜたペ

図表6－5　下里農地・水・環境保全向上対策委員会が実施した研修内容

年度	講　師	内　容
2008	稲葉光國 （NPO法人民間稲作研究所）	育苗、抑草技術、肥培管理、輪作体系など総合的研修
2009	野中昌法（新潟大学）	ただの土壌生物を無視しない農業ー菌根菌についてー
2010	横山和成 （中央農業総合研究センター）	本当に「おいしい」ものを育む「よい土」ってなんだろうー土壌微生物多様性・活性値についてー

資料：現地調査により筆者作成
注：講師の所属は当時

レットの散布など、除草から抑草へと技術の転換を図り、成果を挙げた。

また、ソフト面の活動では、**図表6－5**のとおり実施した3回の研修会は大変好評だったという。

例えば、2009年に転換参入した農業者は次のように述べている。「農地水の集まりでは、情報の交換もできる。農地水でそういったもの（研修会）をやるなかで、私自身の意識がうんと変わってきましたよね」

これまでこのような研修の機会はなく、「科学的な根拠にもとづいてっていうのはあんまり、なかった」という。また、農地水委員会の事務局によると、研修会には自給的農家や女性たちの参加も多く見られ、「自分が食べるものは安全なものがいい」という意識が芽生えるきっかけになった。

大豆と小麦は、下里機械化組合が作業を受託し、少数のオペレーターが担っている。実態を見ると、それは栽培面積の広がりで、地元農家による転換参入の広がりを意味しない。重要なのは、生産から販売まで個々での対応とサポート源が必要とされた米である。

安藤は、地元農家が転換参入する起点をつくり、農地水委員会の活動は、転換参入を広げるとともに、同質的経験を共有し、学び合えるサポート源として有機農業を集落に広げていく役割を担った。

集落ぐるみの有機農業が実現

ここで問題になるのが米の販売先の確保である。霜里農場や独立就農者は、消費者に直接販売しており、共有ができなかった。そのため、安藤は金子の紹介で椎茸を販売し、交流を続けていた横浜市の消費者グループに1俵当たり3万円で、2年ほど出荷した。その後、転換参入者が増加すると、２００７年産米は金子のつながりで、銀座にある自然食レストランに出荷したが、２００８年に閉店してしまった。

安定的な販売先が確保できないなか、２００９年3月から、株式会社ＯＫＵＴＡとの「こめまめプロジェクト」が始まり、1俵当たり2万４０００円で出荷することになった。これをきっかけに、米の販売農家10戸全てが有機農業に転換し、「集落ぐるみの有機農業」が実現した。下里一区の水田は、「米－小麦－大豆」の2年3作にもとづく輪作体系である。小麦と大豆を組み入れた輪作体系は、有機稲作での雑草抑制効果を高め、生産調整に協力しながら、収益も向上できる作型として期待されている。

こうした有機農業の広がりは、集落に様々な波及効果をもたらした。まず、3名の女性たちが農薬と化学肥料を使用していなかった自給畑の野菜を再評価し、２００９年に下里有機野菜直売所を立ち上げた。この直売所には少量多品目の野菜が並び、観光客やイベントで小川町を訪れた人びとだけではなく、都内のレストランからも買いに来る。

美しい農村環境づくりへ

集落ぐるみの有機農業は、同時に有機農業を軸にしたむらづくりへと進展している。これは農地水委

少量多品目の野菜が所狭しとばかりに並ぶ。好評の下里有機野菜直売所

稲をはさに掛けて天日乾燥。右には水路沿いに植栽されたヒガンバナ

員会の取り組みが背景にあり、地元住民の意識の中に有機農業と環境保全が重なり合ったことも大きな動機になっている。例えば、用水堰の補修や維持管理、定期的な草刈りやヒガンバナの植栽、観光客向けに間伐材を利用したベンチの設置など、美しい農村環境をつくる活動が広がっていった。草刈りについては、住民が美郷刈援隊《みさとかりえんたい》というボランティア団体を立ち上げた。

２０１０年からは、アウトドア用品メーカーのパタゴニア（Patagonia）が提唱する「1% for the Planet」に賛同するＯＫＵＴＡの支援により、美郷刈援隊と協働で里山保全活動を開始して「下里里山１００年ビジョン」を策定した。里山に堆積する腐葉土が下流の水田に栄養豊富な水をもたらすため、里山と水田の連携を進め、有機農業を支える流域保全の取り組みにつながっている。

下里一区では、地場加工業やこめまめプロジェクトをつうじた企業への出荷のように販売先がしっかり確保されたことで集落ぐるみの有機農業を実現した。そのプロセスにおいて、有機農業を軸にしながら地域環境を保全する「有機の里づくり」への展開が内発的に生まれている。こうした活動が評価され、２０１０年11月に農地水委員会が第49回農林水産祭むらづくり部門で天皇杯を受賞した。

ローカル・フードシステム

小川町では、有機農家全体を網羅するような組織的な活動が展開していない。とりわけ、販売先の構築において、多くの有機農業の先進地で見られるグループ間の提携が当初から存在していない。

金子は、初期の挫折から、個人と個人の関係性を重視するようになった。その後、小川町では有機農家が増加したとしても、販売を大きく依存するような強力かつ強制的な活動は生まれなかったが、その代わりに加工業やスーパーなど複数の有機農家が参加する共同出荷の取り組みがいくつも展開している。共同出荷への参加は、有機農家の判断に委ねられており、「経営の自律性」が保障されている。そ

農地・水・環境保全向上対策の活動が、転換参入を広げるきっかけに

消費者に販売する野菜と平飼い卵（霜里農場）

研修生は、野菜の少量多品目栽培を志向するケースが多い（イチゴのマルチ張り）

地元のスーパーなどに設けられた有機農業生産者のコーナー

のため、有機農家に問われるのは、経営センスである。

提携に加え、加工業やレストラン、企業、卸・仲卸業者、直売（スーパー、農産物直売所、ファーマーズマーケット、自然食品店）への出荷、インターネット販売など町内外に多角的な販売先を組み合わせて経営を成り立たせている。

この中でもローカル・フードシステムが大きな特徴である。町内を中心に隣接する嵐山町やときがわ町のような周辺地域では、加工業やスーパー、レストラン、農産物直売所など多様な流通形態が広がりを見せている。

２００５年頃からは、町内にオーガニックレストランができ始め、農産物直売所やスーパーへの出荷なども定着した。とりわけ、２０００年代後半以降、顕著に見られる若い世代の独立就農者の増加によって野菜の出荷力が高まり、販売先の開拓に幅と厚みを与えている。

これまで有機野菜については、提携や県外出荷がほとんどで、町内で消費者が購入する機会は限られていた。そのため、町内にいくつもある直売活動の中で、株式会社ヤオコーのインショップや道の駅おがわまち直売所における常時販売体制の整備は、新しい展開である。地元住民は、町内のスーパーや農産物直売所で購入する機会が多いため、有機農業がより身近な存在になったと言える。

多様な有機農業が共存する地域へ

２００６年12月に成立した有機農業推進法は、小川町の有機農業にも少なからずインパクトをもたらした。行政は、有機農業や独立就農、研修について何か問い合わせがあれば有機農家を紹介するくらいで、積極的なかかわりがほとんどなかった。

２００８年度から有機農業総合支援対策事業が始まると、有機農家からの働きかけもあり、有機農業モデルタウン事業の受け皿として、小川町有機農業推進協議会が設立された。その後、新・農業人フェアへのブース出展、おがわまち有機農業フォーラムの開催など対外的な発信とともに、行政の担当者も有機農家との接点ができ、交流が生まれている。

２０２３年5月2日には、「オーガニックビレッジ宣言」を行った。２０２０年農林業センサスによると、有機農業に取り組んでいる経営体数：42経営体、栽培面積：56・６haで、全経営体の15・8％、全経営耕地面積の18・7％を占めているという[22]。

このような広がりを支える有機農業経営は、専業から半農半Xまで多様に広がっている。購入資材に依存し、効率性を重視する方向性がある一方で、圃場内や身近な資源を活用した低投入型の方向性も見られる。しかも、その傾向は第3世代のような若い独立就農者ほど強く、積極的に自然と共生する循環型の農業技術を取り入れ、その価値を理解する消費者とのつながりと販売先の確保を目指している。

有機農業技術は、霜里農場に代表されるような有畜複合経営が基本とされてきたが、第２・第3世代は畜産を経営の中に位置付けようとしていない。当初、有畜複合経営を実践していた独立就農者も、現在は縮小傾向にある。野菜の少量多品目栽培が志向されるなか、畑地の場合は土づくりが大きな課題となる。家畜に加え、自給用の水田ですら持たない有機農家が多くなり、堆肥やボカシ肥等の材料となる家畜糞尿や米糠、もみ殻、わら、ふすまなどの確保が難しくなっている。

こうした状況のもと、里山での落ち葉掃き、竹林整備による竹チップへの加工、稲作農家と連携した米糠やもみ殻の確保など地域の自然と積極的につながり、それらを資源として取り入れていく循環型の有機農業が広がり始めている。

小川町は「OGAWA'N Project」を立ち上げ、町内の資源を活用して豊かな土づくりに取り組む農家を認証する仕組みやマルシェの開催、情報発信などのサポートを行っている。

小川町では、多様な方向性を持った有機農業の展開が見られるが、こうした取り組みをつなぐ結節点が複数の有機農家による出荷、ないし共同出荷の体制を整えたローカル・フードシステムと言える。

〈注釈〉

(1) 詳しくは、福原圧史・井上憲一（2013）「自給をベースとした有機農業：島根県吉賀町」井口隆史・桝潟俊子編著『地域自給のネットワーク』コモンズ、pp.156-173を参照されたい。

(2) 詳しくは、荷見武敬・河野直践・鈴木博（1988）『有機農業：農協の取り組み』家の光協会を参照されたい。

(3) 詳しくは、郷田実（1988）『結いの心：綾の町づくりはなぜ成功したか』ビジネス社を参照されたい。

(4) 詳しくは、小林芳正・境野健兒・中島紀一（2017）『有機農業と地域づくり：会津・熱塩加納の挑戦』筑波書房を参照されたい。

(5) 詳しくは、藤井虎雄（1991）『有機農産物をどう供給するか：岡山市高松農協の実践』家の光協会を参照されたい。

(6) 詳しくは、本野一郎（2006）『いのちの秩序 農の力：たべもの協同社会への道』コモンズを参照されたい。

(7) 波夛野豪（2007）「有機農業をめぐるむらのコンフリクト：異質な技術とむらの均質性との拮抗・融和」日本村落研究学会編『むらの資源を研究する：フィールドワークからの発想』農山漁村文化協会、pp.132-142

(8) 筆者の現地調査、および青木辰司・松村和則編著（1991）『有機農業運動の地域的展開：山形県高畠町の実践から』家の光協会、谷口吉光（2023）「山形県高畠町 50年の農民運動が築いた自主・自立の共同体」谷口吉光編著『有機農業はこうして広がった：人から地域へ、地域から自治体へ』コモンズ、pp.112-145を参照した。
(9) 谷口吉光編著『有機農業はこうして広がった：人から地域へ、地域から自治体へ』コモンズ、pp.141-143
(10) 国民生活センター編（１９８１）『日本の有機農業運動』日本経済評論社、pp.274-279
(11) 国民生活センター編（１９８６）『地域自給と農の論理：生存のための社会経済学』学陽書房、pp.327-382
(12) 桝潟俊子（２００８）『有機農業運動と〈提携〉のネットワーク』新曜社、p.289
(13) 筆者のインタビュー調査、および愛媛大学社会共創学部研究チーム（２０１８）『大地と共に心を耕せ：地域協同組合無茶々園の挑戦』農山漁村文化協会、小口広太（２０２２）「有機農業拡大に欠かせない地域の視点」『AFCフォーラム』69（8）、日本政策金融公庫、pp.7-10を参照した。
(14) 筆者の現地調査、および小口広太（２０１７）「有機農業の地域的展開に関する実証的研究：埼玉県比企郡小川町を事例として」明治大学大学院農学研究科２０１６年度博士学位請求論文を参照した。
(15) 農業者大学校は、行政刷新会議の事業仕分けを受けて、２０１２年３月に閉校した。その後、後継の農業教育機関として一般社団法人アグリフューチャージャパンを運営母体とする日本農業経営大学校が２０１３年４月に開校した。アグリフューチャージャパンの副理事長に就任した金子は、日本農業経営大学校では講義を担当し、農業実習も受け入れた。
(16) 金子美登（１９９０）「農から見える未来：有機農業18年の実践から」『生態学的栄養学研究』14、p.11
(17) 金子美登他（１９８３）「座談会 農業は男のロマンだ！」日本有機農業研究会青年部編『われら百姓の世界』野草社、pp.18-19
(18) 金子美登他（１９８３）「座談会 農業は男のロマンだ！」日本有機農業研究会青年部編『われら百姓の世界』野草社、p.15
(19) 金子美登他（１９８３）「座談会 農業は男のロマンだ！」日本有機農業研究会青年部編『われら百姓の世界』野草社、p.15
(20) 金子美登他（１９８３）「座談会 農業は男のロマンだ！」日本有機農業研究会青年部編『われら百姓の世界』野草社、p.15
(21) 金子美登（１９９２）『いのちを守る農場から』家の光協会、p.205
(22) 小川町有機農業推進協議会「小川町有機農業実施計画」２０２３年３月（https://www.town.ogawa.saitama.jp/cmsfiles/contents/0000005/5843/keikaku.pdf）最終閲覧日：２０２３年5月29日

第7章

有機農業が地域を動かす②

学校給食の有機化

ORGANIC FARMING

学校給食の地産地消への取り組み

学校給食の実施は、年間約185日である。年間の食事回数で見ると、約6分の1を占め、子どもたちの成長、健康を育む上で大切な食事になることがわかる。学校給食が持つ本質的な存在意義は、「食=生活と農=生産をつなぐ一番身近な結び目」[1]としての機能である。つまり、子どもたちの食と健康、地域農業は一体的な関係性で結ばれている。

学校給食の地域農業離れ

ところが、食と農の距離の拡大に加え、1985年1月、文部科学省から都道府県教育委員会宛てに「学校給食業務の運営の合理化通知」が通達され、「給食財政のコストダウン」「パートタイム職員の活用」「自校方式から共同調理場（センター）方式」「民間への外部委託」へと舵が切られた。それに伴い、給食の地域農業離れとともに、調理場と学校、子どもたちとのつながりの希薄化が進んだ。学校給食の現場は「新自由主義のターゲット」[2]となり、岐路に立たされた。

一方で、抵抗運動も起こり、学校給食の質の向上を目的に、地場農産物や有機農産物を導入する取り組みが各地で生まれた。その先駆的な実践が1970年代に始まった有機農業運動や農産物自給運動などである。

1990年代以降になると、地産地消に取り組む農協や自治体が徐々に増加したが、学校給食への地場農産物の供給も、地産地消の推進と食育の連携という観点から2000年代半ば以降、全国レベルで展開している。

農林水産省による地産地消の推進は、2005年3月に改定された「新たな食料・農業・農村基本計画」以降である。各自治体では「地産地消推進計画」の策定が始まり、そこに盛り込まれた農家と消費者の交流活動や地場農産物の普及活動など促進の内容に「学校・福祉施設等における地場農産物の利用促進」が掲げられた。

地産地消と食育の意義

２００５年6月に「食育基本法」が成立した。「食育推進基本計画」では、地場農産物を「生きた食材」とし、子どもたちが「地域の自然や文化、産業等に関する理解を深めるとともに、それらの生産等に携わる者の努力や食への感謝の念を育む上で重要である」という地産地消と食育を軸にした学校給食の教育的意義が示された。さらに、２００８年6月には「学校給食法」の改正により、地場農産物の積極的な活用が法的に位置付けられた。

第1次食育推進基本計画では、学校給食における都道府県単位での地場産物の使用割合（食材数ベース）を２００４年度の21・2％から２０１０年度までに30％以上とする目標値を定めた。ただし、その目標は達成できず、２０１５年度に策定された第3次基本計画でも引き継がれた。

その推移を見ると、２０１４年度の26・9％以降は伸びず、２０１９年度時点で26・0％にとどまっている。[3] ２０２０年度は未実施で、第4次基本計画の策定に伴い、２０２１年度から金額ベースによる算出になった。

有機農業の拡大と学校給食への期待

こうした状況のもと、学校給食の地産地消と有機化をつうじて、地域農業と有機農業の接点をつくる動きが徐々に広がりを見せている。２０１９年8月、農林水産省は有機農業と地域振興を考える自治体ネットワークを立ち上げ、その中で、市町村における学校給食への有機農産物の利用に関する事例発表を行うなど情報の共有を図っている。

地場有機農産物の供給へ

２０２１年3月に決定した「第4次食育推進基本計画」では、国民の健康とともに「持続可能な食」が重点事項として位置付けられた。そこではみどりの食料システム戦略についても言及した上で、「学校給食での有機食品の利用など有機農業を地域で支える取り組み事例の共有や消費者を含む関係者への周知が行われるよう、有機農業を活かして地域振興につなげている地方公共団体の相互の交流や連携を促すネットワーク構築を推進する」とし、基本計画の中で有機食品、有機農業という言葉が初めて取り上げられた。

また、みどりの食料システム戦略における柱の一つ「オーガニックビレッジ事業」では、学校給食の有機化についても明記され、支援することになっている。これまで情報共有、情報交換だけにとどまっていたが、地域に広がる有機農業を進めていくための有効な手段として、学校給食への地場有機農産物の供給が位置付けられた。

これまでの状況を見ると、2018年度時点で、有機農産物の地域内消費拡大に向けて、6次産業化や農商工等連携、給食などに取り組んでいる市町村は5・2%（89市町村）しかない[4]。今後、学校給食が有機農業を軸にしたローカル・フードシステムの起点となり、中心的な役割を果たすことが期待されている。

2023年6月2日に「全国オーガニック給食協議会」、同月15日には「オーガニック給食を全国に実現する議員連盟」が設立された。全国オーガニック給食協議会の代表理事に太田洋《ひろし》（千葉県いすみ市長）、事務局は千葉県いすみ市農林課有機農業推進班に置かれている。

ローカル・フードシステムの特徴

図表7―1では、市場外流通におけるローカル・フードシステムの特徴を確認する。有機農産物の流通も、一般的な市場外流通と同様、多様な広がりを見せている。

現代のフードシステムは、広域化かつ複雑化している。食と農の距離が著しく拡大した結果、生産者と消費者の相互の関係性が断絶し、人間的な距離も生じるようになった。それは、人間の生命を再生産する食、食を生み出す農業への無関心を生み、その無関心がさらに食と農の距離を広げていくという悪循環を引き起こしている。

ローカル・フードシステムは、物理的な距離と人間的な距離も近い右上の部分にあたる。具体的には、第４章で取り上げたＣＳＡ、ファーマーズマーケット、農産物直売所、インショップ（スーパーなど量販店に開設する販売コーナー）、学校給食などが挙げられる。

図表７－１　ローカル・フードシステムの位置付け

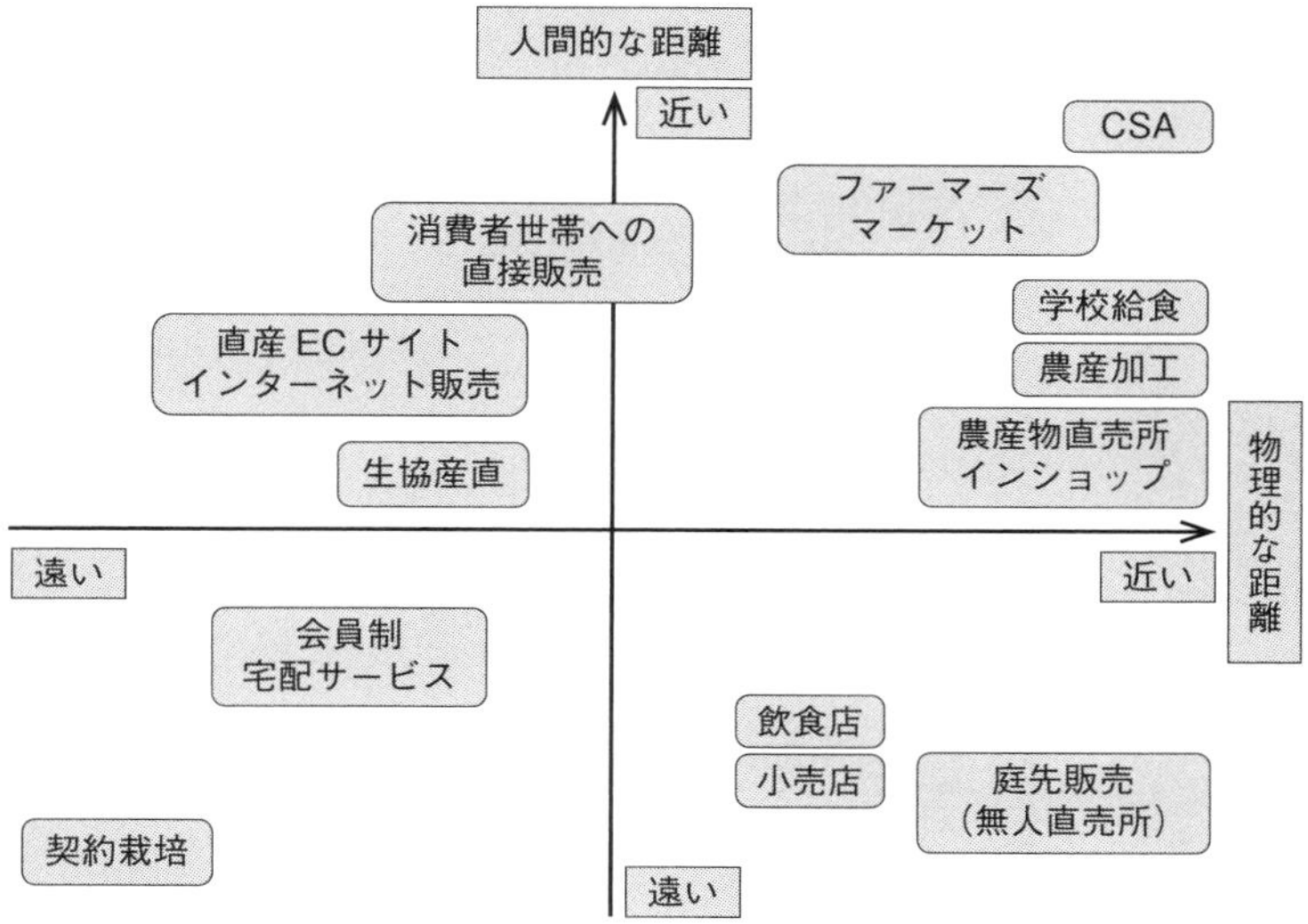

資料：筆者作成

　とりわけ、学校給食はローカル・フードシステムの中心的な役割を担い、地域の中で食と農をつなぐ結節点になる。学校給食は行政、ＪＡ、生産者、児童・生徒、教員、保護者など地域の様々な立場、多様な人びと、組織がかかわって成り立っている。そのため、学校給食の有機化は、地域で有機農業への理解者を増やしながら、地域づくりに展開する可能性が大きい。

学校給食の有機化をめぐる歴史と現在

　学校給食の有機化は、有機農業の展開と重なり、時系列的に「地域における有機農業運動からの派生」「女性たちによる自給用野菜の供給」「専門流通事業体や生協による取り組み」「行政主導による取り組み」に大きく分けられる。専門流通事業体や生協による取り組みについては、大地を守る会の取り組みが注目に値する。

大地を守る会は、積極的に学校給食の問題に取り組んできた。1979年に日本教職員組合の肝いりで「全国学校給食を考える会」が発足すると、当初からかかわり、1979年6月からは東京都新宿区の落合第一小学校の学校給食に無農薬野菜の供給を開始した。地域の八百屋に野菜を卸す方式を取り入れ、多いときには130校あまりの学校と提携していたという(5)。

地域における有機農業運動からの派生

1973年に起こった第1次オイルショックによる食料・エネルギー危機などを背景に、有機農業運動の理念と方向性に地域内提携や地産地消、地域内自給という視点が取り入れられるようになった。学校給食についても、そのあり方を問い直す動きのなかから、有機農産物を導入する取り組みが少しずつ現れ始めたという(6)。

地域における有機農業運動からの派生は、生産者が有機農業を広げながら、保護者の要望などもあり、学校給食への供給を開始するパターンである。島根県柿木村(7)、愛媛県今治市、福島県熱塩加納村は、1970〜80年代という早い段階から有機農業に取り組んできた地域である。さらに、消費者グループの活動でも、提携農産物を学校給食に届けるという取り組みが見られた。

〈愛媛県今治市〉 愛媛県今治市の動きについて見ていく(8)。今治市は、県の北東部に位置している。学校給食は、単独調理場が10校、共同調理場が11あり、16校の中学校、26校の小学校、2校の高校に供給している(9)。

今治市では、地産地消や食農教育などを先駆的に進めている。1970年代半ば頃から、立花地区で有機農業の取り組みが徐々に広がっていた。

１９８１年に、学校給食センターの老朽化に伴う大規模センター建設に対する反対運動が展開し、有機農家や消費者グループが支持する自校方式を公約に掲げた市長に交代した。１９８３年4月からは、鳥生《とりゅう》小学校で自校式調理場が設置され、同じ校区にある立花地区有機農業研究会が有機野菜の供給を開始した。

その後、今治市では「地産地消の推進」「食育の推進」「有機農業の振興」を三つの柱に、食と農のまちづくりに取り組み始めた。そのキーマンが農林振興課地産地消推進室長の安井孝であった。

２００５年12月、今治市議会が「食料の安全性と安定供給体制を確立する都市宣言」を出した。これを着実に実行することを目的とし、２００６年9月に「今治市食と農のまちづくり条例」が制定された。

今治市の学校給食は、地場有機農産物の使用を優先し、今治市産、近隣市町村や愛媛県産、四国、西日本、国産という順番で食材を調達している。米は今治市産の減農薬米、パンは今治市産の小麦を使用している。

地場有機農産物の使用状況を見ると、農協立花管内にある鳥生小学校、立花小学校、吹上小学校の３調理場では、立花地区有機農業研究会が栽培した有機農産物（約20品目）を使用している。２０２０年度は、有機農産物：32・5％、今治市産：31・3％、愛媛県産：8・1％、その他：28・1％（重量ベース）で、地場有機農産物の割合が高い。全調理場の野菜の年間使用量を見ると、有機農産物：約３・7％、今治市産：48・7％、愛媛県産：8・1％、その他：39・5％で、有機農産物の割合は小さくなるが、地産地消へのこだわりがわかる。[10]

〈東京都武蔵野市〉 東京都武蔵野市の動きについて見ていく。[11] 武蔵野市は、都のほぼ中央、多摩地域の東部に位置している。学校給食は、単独調理場が4校、親子方式が1校、共同調理場が2あり、12校の小学校、6校の中学校に供給している。[12]

１９７８年から、境南《きょうなん》小学校で有機給食の取り組みが始まった。境南小学校では、保護者が活動していたかかしの会という消費者グループが埼玉県小川町を中心に、全国の生産者から有機農産物を調達し、市内農家との提携も進めた。理解ある栄養士との連携によって有機農産物の供給を実現し、保護者が野菜の泥落とし、選別など献身的に支えていたという。

武蔵野市では、1985年に文部科学省が出した「学校給食業務の運営の合理化通知」をきっかけに、子どもたちの食を支える学校給食について、何度も検討を重ねた。一例として、当時の栄養士、調理員が米の生産者を訪ね、有機栽培など生産方法だけではなく、地域の環境も見て決めたという。現在でも使用する食材は、栄養士が安全な産地を求め、現場主導で調達している。地場産＝市内産野菜の使用を始めたのも、1985年頃からである。こうして徐々に、「地場産」「安全」「こだわり」の学校給食が地域に広がっていった。

2005年10月、中学校給食の実施を公約に掲げた市長が就任した。給食の供給数が増加することから、これを機に学校給食のあり方について議論が始まった。

様々な学校給食の運営方法が検討された結果、民間委託ではなく、2010年3月に市が出資する一般財団法人武蔵野市給食・食育振興財団を設立し（財団方式）、これまでの給食の特色を継承していくことが決まった。

武蔵野市全体で、質の高いこだわり給食とその方向性を共有するにあたり、献立作成、食材選定、給食調理、安全性の確保という四つの指針を打ち出し、子どもの健康を重視した安全・安心な給食の提供、顔が見える生産者とのつながりなどを重視している。

食材は、この指針にある基準にもとづき、安全に配慮したものを選定し、調理場ごとに契約、調達する。有機栽培（有機ＪＡＳ認証）や特別栽培を優先的に使用し、その中には、栄養士が現地に行って生産状況を確認しているものもある。

図表７－２　自給作物・加工品の余剰が出た場合の利用の仕方　（複数回答）

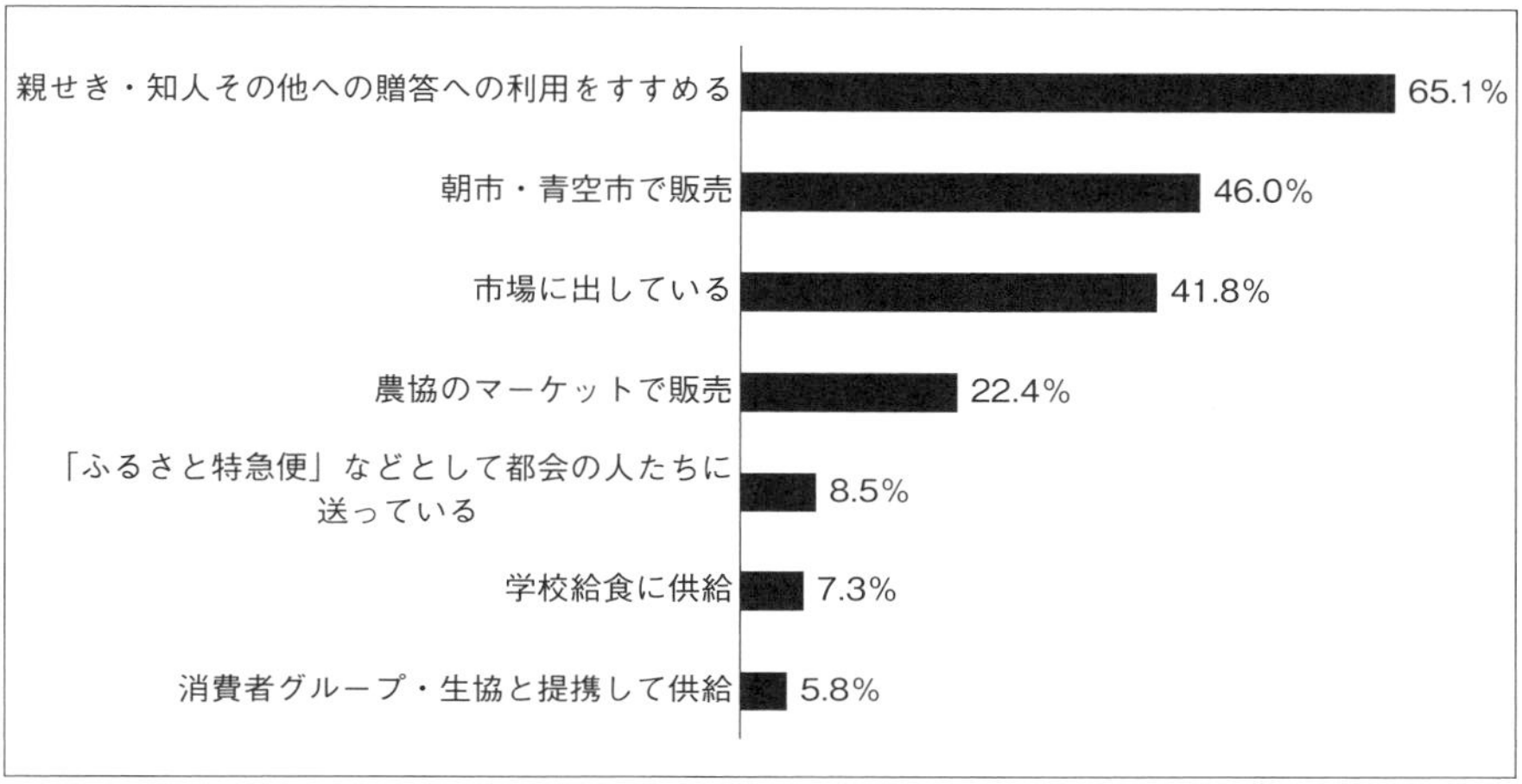

資料：荷見武敬・根岸久子・鈴木博編集（1986）『農産物自給運動：21 世紀を耕す自立へのあゆみ』御茶の水書房、p.107 の第 12 図を引用
注：農林中金研究センターが実施した「農産物自給運動に関するアンケート」結果にもとづいている。回答数：42 道府県農協中央会と 978 農協

女性たちによる自給用野菜の供給

農村では、保護者である母親たちが自給用野菜を学校給食に供給する動きが起こり、第３章で取り上げた農産物自給運動における学校給食の取り組みも、この同じ線上にある。農産物自給運動は、自給の再評価によって、生産意欲の向上、さらに余剰農産物の発生や加工品づくりなどにつながり、様々な利用方法が生まれた。

図表７―２は、自給作物・加工品の余剰が出た場合の利用の仕方である。余剰が発生した場合、自家用、贈答用に加え、販売用としても利用されていたことがわかる。割合は小さくなるが、「学校給食に供給」も７・３％ある。

調査を行った荷見武敬（農林中金研究センター専務理事）らは、島根県・日原町《にちはらちょう》農協と秋田県・羽後河辺町農協を紹介し、「農家や地域の食料自給率向上をめざす自給運動は、地域の生産実態に即した食習慣を形成していく運動でもあり、子供たちの食形成の原点となる学校給食への地域農産物の供給を、とりくみの中心に据えていくことが必要なのではなかろうか[13]」と今後の自給運動の発展に向けて課題を指摘している。

行政主導による取り組み

これまでの取り組みが生産者と消費者による「ボトムアップ型」とすると、2000年代、特に2010年代以降は、行政主導による「トップダウン型」の取り組みが展開している。

この場合、当初から有機農業と地域農業の振興、地域づくりとの接点づくりが強く意識され、行政の施策をつうじて一から有機農業に取り組み、有機農業者を育成するところから始まる場合も多い。

その中で、二つのパターンが見られる。一つは、大分県臼杵市[14]や千葉県いすみ市のように、当初は学校給食への供給を目的にしていなかったが、有機農業の取り組みを進める中で開始したパターンである。もう一つは、長野県松川町、千葉県木更津市のように、当初から学校給食への供給を目的とし、広げていくパターンである。

〈千葉県いすみ市〉 千葉県いすみ市の動きについて見ていく[15]。いすみ市は、房総半島の南東部に位置している。2005年12月に夷隅町、大原町、岬町の3町が合併し、いすみ市が誕生した。学校給食は、センター方式である。

2012年5月、農家の高齢化と減少、耕作放棄地の増加、里山の荒廃などを背景に、「自然と共生する里づくり連絡協議会」を設立し、環境保全型農業連絡部会、自然環境保全・生物多様性連絡部会、地域経済振興連絡部会、有機野菜連絡部会が活動を行っている。

2013年に、環境保全型農業連絡部会に所属していた峰谷営農組合（現・農事組合法人みねやの里）の稲作農家が圃場の一部22aで有機農業に転換したが、10a当たり2俵足らずの収穫しかなく、雑草に負けて失敗してしまった。

そのため、2014~2016年にかけて有機稲作モデル事業に取り組んだ。ＮＰＯ法人民間稲作研究所（栃木県上三川町）の稲葉光國（１９４４－２０２０年）による指導のもと、栽培研修会を実施した。その結果、２０１４年度から収穫量が向上し、農家との話し合いのなかで、学校給食への供給が決まった。２０１５年に約1か月間、全小中学校で試験的に供給し、２０１８年度には全量供給を実現した。

こうした動きは、慣行農家が圃場の全てを有機農業に転換するのではなく、圃場の一部を転換しながら技術を磨き、広げている。「なるべくたくさんの農家に技術を習得してもらい、各農家が自身の経営に応じて少しずつ有機栽培面積を増やしていく[16]」という姿勢のもと、無理のない範囲で有機農業に取り組み、多くの農家を巻き込むことができた。

また、有機米は購入費が割高になる。この点は、農協と協議して「まず農家に再生産可能な価格（60kg当たり2万円、有機ＪＡＳ認証取得の場合はプラス３０００円）を保障したうえで、給食センターへの販売額は最低ラインに抑え」るように依頼した[17]。太田洋市長の決断により、市の財政で給食センター側に発生する差額分を補填することにし、給食費の値上げはしていない。

現在、三つの小学校で有機米の田植えや稲刈りなど農業体験と生きもの調査のような環境学習、食育を一体とした食農環境学習として、総合的な学習の時間に実施している。体験学習を実施している学校では、食べ残しはほぼゼロになるという。

学校給食で使用する有機米は、２０１５年に「いすみっこ」としてブランド化し、２０１７年から有機ＪＡＳ認証の取得も開始した。学校給食への全量供給が実現し、それ以外で余剰が発生した２０１７年産米からは、県内のスーパーや農産物直売所、首都圏の生協や有機農産物を扱う卸業者にも販売先を広げている。

学校給食の地産地消と有機化の推進

長野県松川町：地域の概要

長野県松川町の動きについて見ていく。[18] 松川町は、県の南部、伊那谷のほぼ中央に位置している。1956年、大島村と上片桐村が合併して誕生、1959年に生田村を編入合併し、現在の松川町になった。中央アルプスと南アルプスに挟まれて山々に囲まれ、東側は工業団地と水田地帯、西側は住宅地、商店街、工業団地があり、ナシ、リンゴなど果樹栽培が盛んな地域である。

図表7－3の農家数と耕作面積の推移を見ると、総農家数は2005年：1224戸→2020年：920戸、面積は2005年：838ha→2020年：650haに減少している。とりわけ、直近の2015～2020年の減少幅が大きい。そのうち、販売農家数、面積が大きく減少し、構造的な脆弱化が進展している。

図表7－4の経営耕地面積規模別経営体数の推移を見ると、2020年時点で0・5ha未満が29・9％、1・0ha未満が65・7％で大半を占めている。ただし、2005年と比べて1・0ha以上の割合が増加している。とりわけ、2・0ha以上は他の層の農業経営体数が減少するなか、増加傾向にある。松川町は、小規模家族経営が地域農業の担い手の中心だが、近年はその中で規模を拡大する農業経営体も現れ始め、農業構造の縮小と同時に再編の動きも見られる。

図表7－5の地目別経営体数と経営耕地面積の推移を見ると、2020年時点で樹園地が経営体数：86・5％、面積：71・2％を占め、地域農業を支えている。平均耕作面積は、樹園地：約80aに対し、田と畑地はそれぞれ約40a、約20aと小さく、経営体数の減少幅も大きい。

このような状況のもと、遊休農地は2015年：

図表7－3　農家数と耕作面積の推移

（単位：戸、ha）

年	計		販売農家		自給的農家	
	農家数	面積	農家数	面積	農家数	面積
2005	1,224	838	955	790	269	49
2010	1,163	792	853	734	310	57
2015	1,065	749	777	696	288	53
2020	920	650	630	597	290	53

資料：農林水産省「農林業センサス」より筆者作成
注：経営耕地のある農家数

図表7－4　経営耕地面積規模別経営体数の推移

（単位：経営体）

年	経営体数	0.3ha未満	0.3～0.5ha	0.5～1.0ha	1.0～2.0ha	2.0～3.0ha	3.0ha～
2005	992	65	219	403	280	24	1
2010	892	63	183	373	240	26	7
2015	808	60	181	308	212	37	10
2020	668	64	136	239	190	26	13

資料：農林水産省「農業センサス」より筆者作成
注：0.3ha 未満には「経営耕地なし」も含む

図表7－5　地目別経営体数と耕地面積の推移

（単位：経営体、ha）

年	計		田		畑		樹園地	
	経営体数	面　積	経営体数	面　積	経営体数	面　積	経営体数	面　積
2005	992	801	580	177	591	81	894	543
2010	892	753	513	168	477	71	792	514
2015	807	722	441	157	394	70	708	495
2020	661	625	312	129	238	51	572	445

資料：農林水産省「農業センサス」より筆者作成
注：経営耕地のある経営体数

205・5ha、2016年：210ha、2017年：222・7ha、2018年：235・4haと年々増加している。(19)遊休農地の増加は、地域が抱える大きな課題となっていた。

地域政策での学校給食と有機農業の位置付け

松川町では、2020年4月に「第5次松川町総合計画【改訂版】」(2020~2023年度)を策定した。この計画は、地域の方向性、これからのあり方を示すものである。

全体のテーマは「持続可能な地域づくり」で、持続可能な開発目標(SDGs)の視点や考え方を計画推進の参考にしている。すなわち、地域形成の土台に持続可能な社会の構築がある。SDGsの認知度が高い若い世代と一緒に地域づくりの考え方を共有し、その理念を経営方針に盛り込む企業、団体など多様な主体と連携・協働していく効果も期待しているという。

地域が抱える課題として、人口減少、土地・ひとの空洞化などが指摘されているが、「自分たちの地域を、自分を主語にして考える人材(財)を育む」とし、人口減少の緩和だけではなく、「人」に着目し、人口減少時代に対応した地域づくりを目指している。「人を育てる」という視点は、学校給食や有機農業の取り組みにおいても強く意識されている。

図表7-6のとおり、四つのキーワードを示し、地域を多面的に捉えながら、持続可能な地域づくりに向けてアプローチしている。基本構想の将来像として「いっしょに育てよう 一人ひとりが輝く 笑顔あふれるまち まつかわ」を掲げ、その実現に向けた三つの柱が「あなたの想い」「人のつながり」「住みよいまち」である。

基本計画は、基本方針「1 多様性を活かした自治づくり」、「2 安心して子育てできる環境づくりと地域で学び、地域で育つ人づくり」、「3 共に支えあい、健康に暮らすまちづくり」、「4 安心で安全な住みよい暮らしづくり」、「5 活力ある産業が息づくまちづくり」に分かれ、基本方針5で施策大

図表７−６　持続可能な地域づくりのキーワード

【１：自治】
小さなまちだからこそできる、一人ひとりの個性と多様性を活かした自治
- 地域の中で、誰もが役割をもち、その人らしく生きることのできる“居場所づくり”

【２：学び】
公民館活動などを中心に、住民が主体的に実践してきた松川町の学びの土壌の継承
- 「自分ごと」として考えるための学び
- 主体性を育む原動力としての学び
- 自分のことを語るときに、自分と地域との関係を語ることなしには、自分を語り得ない人＝「地域人」を育む学び

【３：地域に内在する資源】
地域が持っている魅力・資源から、将来のまちの姿を創造し取組むアプローチ
- 地域に内在する様々な資源を活かした取組み
- 地域資源とその関係性について、「人」という視点からの捉え直し

【４：総合的・構造的な地域理解】
単独の領域や対策ではなく、総合政策としての課題解決へのアプローチ
- 住民の暮らしをベースに、地域の実態をとらえる視点
- 総合的・構造的に地域を理解する視点

資料：松川町「第５次松川町総合計画【改訂版】」より筆者作成

綱「１ 持続可能な農業の推進」を掲げている。

その一つに「非農家及び保護者等による有機農業の推進を行い、遊休農地の解消につなげるとともに、学校給食への提供等地産地消の促進」がある。有機農業の推進を学校給食への供給とセットで位置付け、さらに活力ある産業という観点から、地産地消が経済の地域内循環にも貢献すると認識されている。

２０２０年12月には、「松川町ゆうきの里を育てよう連絡協議会」（会長：町長）が設立された。生産者、栄養士、学校関係者、商工会、農協、県、町などで構成され、地域全体で環境保全型農業を推進し、「ゆうきの里」づくりを進めていくことになった。

目的は、農業振興、子どもたちの健康で豊かな食生活による健やかな成長の実現への寄与、豊かな自然や気候風土の保全・再生とともに、環境に優しい農業による松川町産農産物を活用した子どもたちへの食事（給食）の拡充である。

遊休農地の解消と有機農業の開始

松川町では、遊休農地の解消対策として新規就農者の受け入れ支援（果樹研修制度）、新規法人参入の支援、労働力の補完（シルバー人材センター、ワーキングホリデー）、農地の集積・集約化、農地の斡旋、マッチングによる流動化（農地相談員を設置し、情報収集および売買、賃貸借の支援）などに取り組んでいる。

ケーブルテレビ番組 DO 遊農？で、野菜づくりの模様を撮影

一貫して固定種野菜の種を普及する野口勲

地域農業の主力である果樹の生産者は、農地の集積を進めているが、その特性上、他の作物と比べて規模拡大が難しく、それだけでは対策が追い付かない状況であった。そのため、遊休農地を解消できる「多様な農の担い手」として非農家、地元住民を位置付け、活動を開始した。その後、有機農業の推進と学校給食への供給に展開していった。

それでは、活動を開始した２０１９年度から２０２１年度までの経過について見ていく。この３年間は、「長野県発元気づくり支援金事業[20]」を活用し、事業に取り組んだ。

２０１９年度の活動

年度別の活動一覧を１７２頁の**図表7-7**に示したが、２０１９年度は、「住民１人１人のかかわり」をテーマに、農地を持たない地元住民と一緒に農地を守るため、市民農園「ふれあいガーデン」の斡旋をつうじて「１人１坪農園」の取り組みを進めた。その他にも、ケーブルテレビ・チャンネルYOUで『DO遊農？』の放送、野口勲（野口のタネ・野口種苗研究所）の講演会（テーマ：健康でおいしい野菜をつくる）などを実施した。

『ＤＯ遊農？』は、一人ひとりが気軽に家庭菜園を始めることを目的にした番組で、毎月第２水曜日の20：00から放送されている。ふれあいガーデンを会場に、松川町ゆうき給食とどけ隊の生産者が講師となり、子育て中の女性が野菜づくりに挑戦する。ジャガイモ、ダイコン、カブ、ニンジン、レタス、サトイモ、カボチャ、ナス、ピーマン、ラッカセイ、枝豆、ハクサイ、タマネギ、ニンニク、イチゴ、スナップエンドウなどの栽培方法、土づくり、道具の使い方を季節ごとに教えている。

農業委員会事務局として活動を立ち上げた宮島公《きみ》香《か》（松川町産業観光課農業振興係）は、次のように述べている。

「一人ひとりに関心を持っていただいて、農地を厄介者にしないように考えてもらえないかと、進めてきています」

当初、学校給食への供給については考えていなかったが、野口氏の講演会を開催したところ、町内外から多くの参加者が集まった。宮島は、県内で学校給食の有機化を進めるキーパーソンと出会い、そのつながりで勉強会などに参加するなかで、学校給食への供給を考え始めたという。

2020年度の活動

２０２０年度は、２０１９年度の事業に加えて、県有機農業推進プラットフォーム専任担当のアドバイスも得て事業を実施し、講演会、有機栽培研修会、学校給食への供給などに取り組んだ。

講演会では、土壌や栽培技術、種などをテーマに、地元住民、生産者に向けて普及啓発を行った。前年度よりも講師を増やし、内容も充実させた。

また、長野県発元気づくり支援金事業の計画段階で、さらに一歩進んだ活動にしたいと考え、学校給食への供給を掲げた。学校給食用に遊休農地を実証圃場とし、米や野菜を栽培することにした。そこで、「誰かやってくれませんか」と手挙げ方式で生産者に声を掛け、5名で活動が始まった。

有機栽培研修会は、実証圃場で実施した。実証圃場は、5名の生産者が遊休農地を借りたり、遊休化してしまうと考えられる農地で、それぞれがニンジン（9ａ）、ネギ（5ａ）、ジャガイモ（2・7ａ）、米（12・5ａ）、タマネギ（10ａ）という学校給食で使用する主要5品目の栽培を管理している。今後も、実証圃場として遊休農地を活用し、拡大していくことを考えている。

図表7－8は、研修内容の一覧である。自然農法国際研究開発センターに講師を依頼し、実習と座学を組み合わせて年10回開催した[21]。研修内容は、土づくりが中心で、生産者向けである。

農業委員会で千葉県いすみ市の取

図表7－7　有機農業の推進に関する年度別活動一覧

年度	内　容
2019年度	•1人1坪農園の推進（市民農園「ふれあいガーデン」） •ケーブルテレビで『DO遊農？』の放送 •講演会の開催
2020年度	•1人1坪農園の推進（市民農園「ふれあいガーデン」） •ケーブルテレビで『DO遊農？』の放送 •講演会、畑の体験会の開催 •野菜、米の有機栽培研修会の実施 •学校給食への有機農産物の供給 •「松川町ゆうき給食とどけ隊」の発足 •「松川町ゆうきの里を育てよう連絡協議会」の設立 •長野県発元気づくり支援金事業の優良事例に選出
2021年度	•1人1坪農園の推進（市民農園「ふれあいガーデン」） •ケーブルテレビで『DO遊農？』の放送 •野菜、米の有機栽培研修会の実施 •学校給食への有機農産物の供給 •映画上映会、講演会、畑の体験会の開催 •草＆無煙炭火器による炭で土づくりの開催 •下伊那赤十字病院への有機農産物の供給 •ふるさと納税の返礼品として米、野菜の提供 •松川町ゆうきの里を育てよう連絡協議会制作の動画が「サステナアワード2021」で優秀賞（審査員特別賞）受賞

資料：松川町産業観光課農業振興係提供資料より筆者作成
注１：サステナアワードは、SDGsのゴール12「つくる責任 つかう責任」を踏まえ、食や農林水産業にかかわる動画作品を募集し、優秀な作品を国内外に広く発信することで、持続可能な生産・消費の拡大を目指している。事務局は、農林水産省大臣官房環境バイオマス政策課地球環境対策室（協力：消費者庁、環境省）
注２：動画「松川町ゆうき給食とどけ隊の思い…」
（https://www.youtube.com/watch?v=SFwMTxb-464）

図表７－８　2020 年度に実施した研修内容の一覧

日程	内　容
2020年4月2日	作付け予定地の土壌等の確認
2020年4月7日	ジャガイモ、ニンジンの作付け、座学
2020年5月18日	田の荒代かき
2020年6月2日	田の代かき、タマネギ圃場の緑肥播種、ネギ圃場のインセクタリープランツ播種、座学
2020年8月4日	タマネギ圃場・ニンジン圃場の緑肥すき込み、座学
2020年9月2日	タマネギ圃場の太陽熱マルチ張り、タマネギ播種、座学
2020年11月5日	タマネギの定植、座学
2020年12月8日	タマネギ圃場の追肥、ボカシ肥づくり
2021年2月26日	次年度に向けて圃場・土壌の確認、座学
2021年3月26日	土づくりのための緑肥播種

資料：松川町産業観光課農業振興係提供資料より筆者作成

り組みを視察した際、担当者から「ただやってみたら失敗して、指導を受けることにした」という話があった。ただし、いすみ市と同じ民間稲作研究所は距離が遠く、依頼が難しかった。そこで、有機農業推進プラットフォーム専任担当に相談したところ、同じ県内の松本市にある公益財団法人自然農法国際研究開発センターを紹介され、研修が始まった。

ニンジンは太陽熱マルチ後に播種、ジャガイモは町の特産であるリンゴの搾り粕を堆肥として利用、タマネギは緑肥をすき込んだ後、太陽熱マルチを実施、ネギはインセクタリープランツ（天敵を誘引し、その棲みかとなる植物。天敵温存植物）としてマリーゴールドとソルゴーを播種し、天敵の棲みかを確保、稲作は最初に雑草の発芽を促した後、代かきをして田植えなど栽培しながら環境を整えていく、または環境を整えてから栽培を始める方法で、有機農業技術を学んだという。

２０２１年度の活動

２０２１年度は、２０１９～２０２０年度の事業に加えて、地元住民向けの映画上映会と体験会、草&無煙炭火器による炭で土づくり、新規就農者への支援、下伊那赤十字病院への有機農産物の供給、ふるさと納税の返礼品提供などに取り組んだ。

さらに、地域資源を活用した循環型農業にも目を向け、町内で排出される残渣やリンゴの搾り粕などを利用して堆肥を製造する農家や農業法人の見学会を行った。

とどけ隊と自然農法国際研究開発センターのみなさん（インセクタリープランツを植栽した圃場にて）

太陽熱マルチを実施する圃場

映画上映会では、２０２１年6月（85名参加）、11月（62名参加）に『いただきます2 ここは発酵の楽園』を上映し、オオタ・ヴィン監督と吉田俊道（NPO法人大地といのちの会理事長）のトークショー、親子で「菌ちゃん野菜づくり体験会」をふれあいガーデンで実施した。吉田が提唱する菌ちゃん野菜づくりとは、家庭の生ごみや草を土に混ぜ、微生物の力で完全に発酵させてから栽培する方法である。

この体験会は、２０２１年3月から始まり、草を入れてつくった畝が糸状菌でいっぱいになった状態で、6月に種まきや苗の定植、11月には野菜の収穫や収穫後の土づくりを行った。宮島は「菌ちゃんの草で土をつくるというのは、遊休農地を活用するのにいい方法。実際、野菜を栽培する圃場と草を育てる圃場があってもいい」と考えている。

また、有機栽培研修会は、前年度同様、自然農法国際研究開発センターに講師を依頼し、実証圃場で

図表７－９　2021 年度に実施した研修内容の一覧

日程	内　容
2021年4月15日	緑肥用ライムギのすき込み、田の均衡化、緑肥用エンバクの播種
2021年5月18日	田の荒代かき
2021年6月2日	緑肥用ソルゴーの播種、エンバクのすき込み、各種野菜の様子確認、田の代かき、インセクタリープランツの播種
2021年7月13日	米、野菜の生育確認、タマネギの収穫後にソルゴーの播種、ニンジン圃場の太陽熱マルチ、ジャガイモの収穫
2021年8月3日	タマネギ圃場の緑肥のすき込み、トウモロコシ収穫後すき込み、ニンジンの播種、育土について座学、ボカシ肥づくり講座
2021年8月30日	水稲、大豆の生育確認
2021年9月1日	タマネギの播種確認、野菜の生育確認、ボカシ肥の確認、ジャガイモ栽培用の堆肥投入
2021年10月14日	タマネギの育苗確認、町内堆肥施設等の見学、ネギの生育確認
2021年12月17日	タマネギの定植後確認、ニンジン収穫確認
2022年3月14日	タマネギの生育確認、田や圃場の確認、1年間の振り返り、2022年度に向けての栽培のポイント、「松川町有機水田生産性向上プロジェクト」について座学

資料：松川町産業観光課農業振興係提供資料より筆者作成

全10回実施した（**図表７－９**）。

２年目の研修では、ニンジンの収穫量が大幅に増加し、前年度に苗を植えつけたタマネギも学校給食に初めて出荷した。同じく学校給食に初めて出荷したトウモロコシは、周辺に枝豆を栽培、畝間の草も一定の高さで管理したところ、集まってきたカエルが害虫のアワノメイガを捕食し、よく収穫できたという。これは、生物多様性を生かした栽培方法である。

宮島は、次のように述べている。

「最初、肥料を使わない、農薬使わないことで有機になっていくと思っていましたが、全然そうではなかったんです。本当に指導をお願いしてよかったです。そうでないと、みんな虫だらけになって、学校給食でも受け入れてもらえないし、怒られるばっかりなものができていたのではないかと。有機をやってない人だけでなく、やっている人たちもいろいろ教えてもらい、知らないこともありました。緑肥やインセクタリープランツなど継続して行うと、違う土に変わってくるというのがわかりました。1年目だけではなかなか難しいですが、2年目になってわかってきたかなと」

学校給食への有機農産物の供給

松川町には、小学校が2校、中学校が1校あり、学校給食は自校方式である。2020年7月から、この3校に実証圃場で収穫した野菜、米を順次供給している。

最初は、ジャガイモであった。7月16日に小学校2校の共通献立「ましののポテトシチュー」、翌17日には中学校の「じゃがいもと凍り豆腐の甘辛」の食材として使用した(22)。

このとき学校給食用に出荷する団体名も「松川町ゆうき給食とどけ隊」に決まった。「ゆうき」には、有機農業の「有機」と「勇気」を持って慣行農業から転換しようという意味を込めている。「とどけ隊」についても、「隊員」と「届けたい」を掛けているという。

流通の仕組みづくり

松川町は、果樹地帯ということもあり、これまで地場の米や野菜を学校給食に供給できていなかった。そのため、2019年度から関係者との協議を重ね、食材の必要量確認（栄養士が1年分の発注表を提出）、生産者との打ち合わせ（必要数の確認、販売金額の提示）、教育委員会、学校への説明（環境にやさしい栽培方法で生産された食材の提供について）、価格や搬入方法の打ち合わせなど課題を解決し、一から仕組みをつくった。

栄養士、生産者、農産物直売所で月1回、注文内容、搬入方法、価格などについて打ち合わせを行い、2か月先の収穫物を学校給食で使用するように献立を立てている。

供給開始後も、野菜の規格や洗浄、皮むきの必要、天候不順への対応など課題に対応してきた。出荷時の注意点として、ジャガイモはほどよく土を落とす、ニンジンは洗って葉を取り除く、ネギは青い部分の天辺を切って土を落とす（根はあってもよい）、タマネギは外皮を取り除いて土を落とす、米は検査済みの玄米を出荷などがある。

野菜の集荷場所は、農協の農産物直売所「もなりん」である。生産者は、前日の14〜15時までに出荷し、もなりんのスタッフが当日の8〜8時30分の間に各学校に搬入する。生産者は、もなりんに手数料として15%を支払う。米は、県の学校給食会が集荷、精米、炊飯を行い、各学校に搬入する。

価格については、一定で調整、購入するよう栄養士に依頼し、生産者からも合意を得ている。町は地産地消給食補助金に有機食材の項目を加え、野菜や米に補助金を出している。補助金の割合は、慣行米：３割、有機米：７割、有機野菜：４割である。

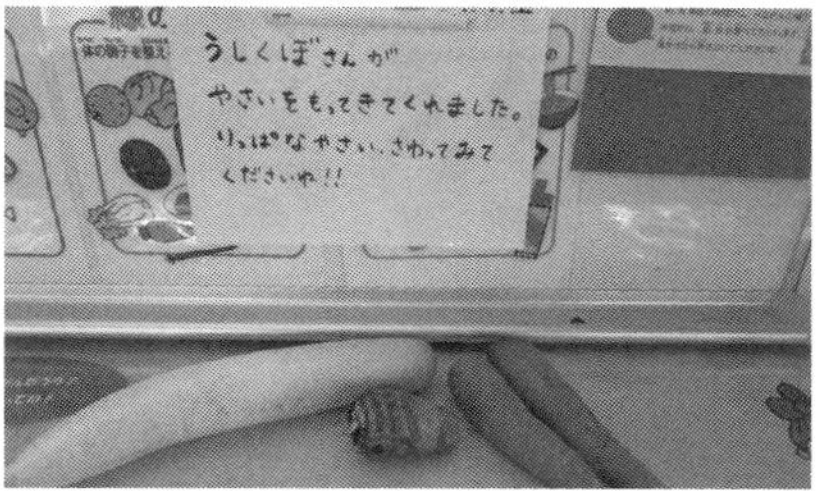

ゆうき給食とどけ隊の有機野菜

地産地消で、安全・安心・美味の給食

また、栄養士は、生産者と交流、圃場見学した様子をポスターにして貼り出し、顔写真とともに一人ひとりの声を伝えている。調理員も同様である。２０２１年７月、毎月実施している打ち合わせに調理員も参加し、意見交換を行った。翌８月には調理員からの希望で実証圃場の見学、これまでの有機農業の取り組みに関する説明会を開催した。

宮島が「栄養士さん、調理員さんたちにも参加していただいて、取り組みが大きくなって。子どもたちに対してもすごくＰＲしていただいてるので、ありがたいです」と述べるとおり、生産現場と給食現場との連携、相互理解が学校給食の地産地消、有機化を支えている。

学校給食への供給実績とその成果

次頁の**図表７−10**は、ゆうき給食とどけ隊が生産した有機食材の使用量と割合について、２０２０〜

２０２２年度の推移である。２０２２年度時点で主要５品目の使用量の合計は６４１５kg、全体の26・０%に増加している。

図表７－10　松川町ゆうき給食とどけ隊が生産した有機食材の使用量と割合

（単位：kg、%）

種類	2020年度		2021年度		2022年度	
	使用量	割合	使用量	割合	使用量	割合
ジャガイモ	612	24.7	346	14.0	635	25.6
ニンジン	224	7.0	1,277	40.1	1,844	57.9
ネギ	507	47.5	482	45.2	351	32.9
米	540	4.0	2,520	18.6	2,520	18.6
タマネギ	0	0	662	14.9	1,065	23.9
計	1,883	7.6	5,287	21.4	6,415	26.0

資料：松川町産業観光課農業振興係提供資料より筆者作成

ニンジンの収量のように実証圃場での栽培研修の成果があらわれている。有機農産物以外は、飯田下伊那産、県産の使用を優先し、この3年間で学校給食の地産地消、有機化が着実に進展していることがわかる。

ゆうき給食とどけ隊は、２０２２年度時点で10名となり、実施面積も２０１９年度：２・５ha、２０２０年度：３・６ha、２０２１年度：５・８ha、２０２２年度：７・２haに増加している。町内の有機農業実施面積が２０２２年度時点で８・５haとなっており、ゆうき給食とどけ隊がその８割以上を占めている。

２０１９〜２０２１年度の活動は、長野県発元気づくり支援金事業を活用したが、２０２２年度からは「オーガニックビレッジ事業」に採択され、２０２３年3月10日には「オーガニックビレッジ宣言」を行った。

第5次総合計画で示した持続可能な地域づくりのキーワードの一つ「地域に内在する資源」として遊

図表７－11　地域・学校給食・有機農業の関係性

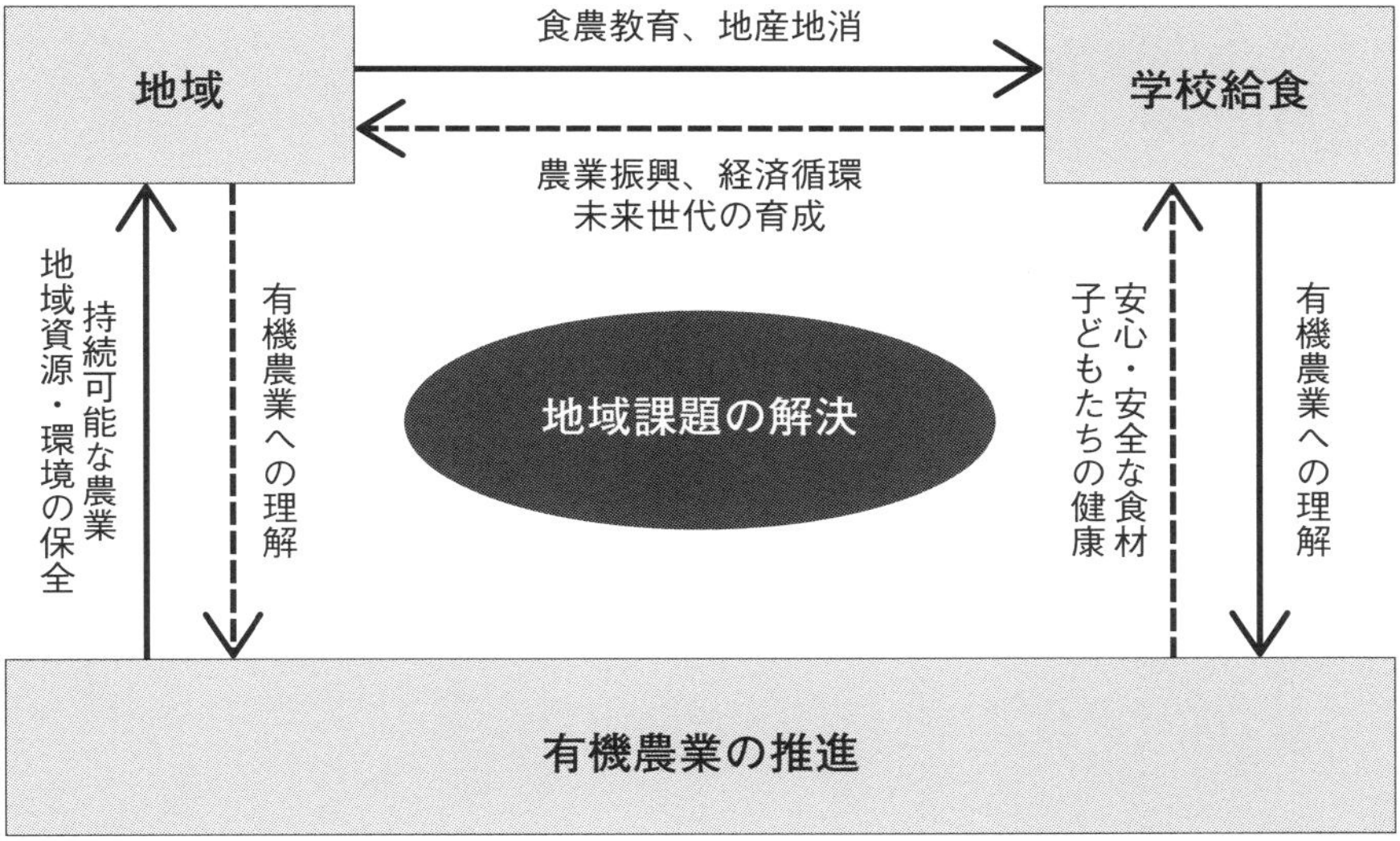

資料：筆者作成

休農地を位置付け、遊休農地という地域資源＝地域の宝の再評価と活用、自給を起点にした持続可能な暮らし、学校給食への供給を軸にした持続可能な農業の推進、生産者や地元住民などその担い手＝人財の育成を進めている。つまり、学校給食と有機農業が経済、社会、環境を横断する総合的な地域理解、課題解決へのアプローチを可能にし、地域づくりの手段として大きな力を発揮している。

学校給食がつくる地域と有機農業の好循環

近年、学校給食の有機化を見ると、食の安全を守るため、有機農産物の新しい需要を創出するためという狭い意味ではなく、地域を豊かにするという「地域づくり」の文脈で捉え、動きが広がっている。外部の研究機関と連携し、栽培研修会などを実施しながら、一から担い手を育て、その地域に合った有機農業技術を共有している点も特徴である。

この点は、持続可能な地域づくりの一環として、地域政策に学校給食と有機農業を位置付けていることからもわかる。

前頁の**図表7－11**は、地域・学校給食・有機農業の関係性である。学校給食への地場農産物の供給は、地域農業と子どもたちの食卓をつなぎ、農業振興、経済循環、食農教育という効果をもたらす。学校給食の地産地消は、地域づくりの重要な要素の一つである。

そして、学校給食の有機化は、図表7－11の実線と点線で示したように、食と農のつながりを土台に二つの循環を生み出し、地域と学校給食の魅力向上、農業の担い手の育成を進めながら、地域づくりの充実化へと発展させていく効果がある。

地域にとっては、持続可能な農業を推進するきっかけになり、同時に自然環境や生物多様性、土壌など地域資源・環境の保全に寄与する。学校にとっては、子どもたちへの安心・安全な食材の供給、農家との交流や農業体験といった教育ができ、保護者や地元住民から学校給食への支持も広がる。

その結果、学校給食への有機農産物の供給が拡大し、地産地消の推進によって遊休農地の解消や担い手の育成も含めた地域課題の解決、地域農業の振興や地域経済の循環をさらに進めることができる。地域環境と地域資源の保全という観点から、食農教育のメニューも多彩に提供できるようになるだろう。

このように、学校給食は地域に有機農業を広げていく起点になる。このプロセスにおいて、地域の中で有機農業への理解が醸成され、さらなる持続可能な農業の推進という好循環が生まれる。すなわち、学校給食が地域と有機農業の良好的な関係性をつくり出している。

対外的にも、学校給食の有機化、有機農業の推進が地域の魅力として注目を集め、「有機の里づくり」として定着すれば、学校給食以外の販売先拡大、都市農村交流などにもつながるだろう。

〈注釈〉

（１）荷見武敬・根岸久子（１９９３）『学校給食を考える：食と農の接点』日本経済評論社、p.24

（２）藤原辰史（２０１８）『給食の歴史』岩波書店、p.221

（３）文部科学省「学校給食栄養報告」（https://www.mext.go.jp/b_menu/toukei/chousa05/eiyou/1266982.htm）最終閲覧日：２０２３年７月10日。対象は、完全給食を実施する小学校、中学校、夜間定時制高等学校、共同調理場。

（４）農林水産省生産局農業環境対策課「平成30年度における有機農業の推進状況調査（市町村対象）結果」（https://www.maff.go.jp/j/seisan/kankyo/yuuki/attach/pdf/chosa_jichitai-48.pdf）最終閲覧日：２０２３年７月25日

（５）藤田和芳・小松光一（１９９２）『いのちと暮らしを守る株式会社：ネットワーキング型のある生活者運動』学陽書房、pp.166-172

（６）国民生活センター編（１９８１）『日本の有機農業運動』日本経済評論社、p.223

（７）詳しくは、福原庄史（２０２３）「有機農業運動の根底にある自給の精神を学校給食に伝えて」谷口吉光・靍理恵子編著『有機給食スタートアップ』農山漁村文化協会、pp.85-91を参照されたい。

（８）安井孝（２０１０）『地産地消と学校給食：有機農業と食育のまちづくり』コモンズ、胡柏（２０２３）「40年にわたる地場産給食・有機給食の取組みの成果と課題：数量把握を中心に」谷口吉光・靍理恵子編著『有機給食スタートアップ』農山漁村文化協会、pp.99-105を参照した。

（９）今治市ホームページ「給食実施数」（https://www.city.imabari.ehime.jp/kyushoku/gaiyou_jissisu/）最終閲覧日：２０２３年２月６日

（10）今治市ホームページ「地場産品の活用」（https://www.city.imabari.ehime.jp/kyushoku/tokucho_katuyo/）最終閲覧日：２０２３年４月20日

（11）筆者の現地調査、および山田征（１９８７）『ただの主婦にできたこと』現代書館、小口広太（２０２３）「素性がわかる学校給食を地域に広げる」谷口吉光・靍理恵子編著『有機給食スタートアップ』農山漁村文化協会、pp.55-61を参照した。

（12）武蔵野市ホームページ「学校給食」（http://www.city.musashino.lg.jp/kurashi_guide/sho_chugakko/shougakko_kyushoku/1007035.html）最終閲覧日：２０２３年４月18日

（13）荷見武敬・根岸久子・鈴木博編集（１９８６）『農産物自給運動：21世紀を耕す自立へのあゆみ』御茶の水書房、p.119

（14）詳しくは、藤田正雄（２０２３）「《大分県臼杵市》有機の里づくり：うすきの「食」と「農」を豊かに」谷口吉光編著『有機農業はこうして広がった：人から地域へ、地域から自治体へ』コモンズ、pp.148-181、大林千茱萸（２０２３）「給食をかなめにして、つながる『食のバトン』」谷口吉光・靍理恵子編著『有機給食スタートアップ』農山漁村文化協会、pp.67-73を参照されたい。

（15）鮫田晋（２０２２）「有機栽培米を市内全校の給食に提供：地域農業の再興と食農教育にも効果」『AFCフォーラム』69（８）、日本政策金融公庫、pp.27-29、鮫田晋

（２０２０）「学校給食のお米すべてを有機米にする：千葉県いすみ市」『農業と経済』86（8）、昭和堂、pp.49-53、谷口吉光（２０２３）「《千葉県いすみ市》有機農業、給食、生物多様性が共鳴する『自然と共生する里づくり』」谷口吉光編著『有機農業はこうして広がった：人から地域へ、地域から自治体へ』コモンズ pp.38-74 を参照した。

（16）鮫田晋（２０２２）「有機栽培米を市内全校の給食に提供：地域農業の再興と食農教育にも効果」『AFC フォーラム』69（8）、日本政策金融公庫、p.29

（17）鮫田晋（２０２０）「学校給食のお米すべてを有機米にする：千葉県いすみ市」『農業と経済』86（8）、昭和堂、p.51

（18）筆者のインタビュー調査、および宮島公香（２０２３）長野県松川町：ゼロからのスタート 松川町ゆうき給食とどけ隊」谷口吉光・靍理恵子編著『有機給食スタートアップ』農山漁村文化協会、pp.41-49 を参照した。

（19）農業委員による農地の利用状況調査。

（20）長野県発元気づくり支援金事業は、地域の元気を生み出す事業を進めることを目的に，市町村や公共的団体などが地元住民と取り組む地域づくり活動のモデル的で、発展性のある事業に対して必要な経費を支援する。この支援金は同一団体が同一内容の事業を複数年度にわたり実施する場合，原則３年以内としている。長野県ホームページ「地域発元気づくり支援金」(https://www.pref.nagano.lg.jp/shinko/kensei/shichoson/shinko/shienkin/index.html) 最終閲覧日：２０２３年８月９日

（21）研修会の内容、栽培実績については、松川町・松川町農業委員会・松川町ゆうきの里を育てよう連絡協議会『松川町 ゆうきの里を育てよう 有機栽培のすすめ』２０２１年３月 (https://www.town.matsukawa.lg.jp/material/files/group/6/yukimanyuaru.pdf) を参照されたい。

（22）２０２０年7月22日付日本農業新聞

〈付記〉

本章は、令和2年度（第38回）東畑四郎記念研究奨励事業の成果の一部である。

第8章

有機農業は広がるか

ORGANIC FARMING

有機農業がつくり出す公共的・社会的な価値

有機農業への理解と合意形成

日本の有機農業運動は、安全な食べものを求める消費者の献身的な支えによって展開してきた歴史がある。その後、輸入農産物の急増を背景に、有機農産物への関心が高まった。有機農業は、食の安全という価値の提供をつうじて大きな力を発揮し、その後、農薬と化学肥料を使用しない商品としての有機農産物の生産が広がり、高付加価値型農業としての根拠を与えた。

食の安全は、消費者のニーズに応えて有機農業を広げていく原動力になったが、同時に有機農業の広がりを阻害する要因にもなっていた。

地域に有機農業を広げていく場合、有機農業への理解と合意形成が欠かせない。第7章で取り上げた学校給食の有機化は、地域農業と足並みを揃え、地産地消を核に進めていくことが前提となるが、現在の動きを見ると、食の安全が強調されがちで、前面に出てくる傾向にある。

「有機農業か、慣行農業か」「農薬を使うのか、使わないのか」という切り口は、「安全か、安全ではないのか」という単純な二項対立の議論に終始し、有機農業と慣行農業の間で軋轢を生む原因となり得る。

地域では、慣行農家が多数を占めるなか、農家同士の対立を引き起こし、地域農業との溝を生んでしまう可能性が高い。今後は、食の安全を超えた議論、すなわち有機農業の価値をどのように捉え、共有できるかがポイントになるだろう。

再び学校給食に話を戻すと、「有機農産物の供給」から少し視点をずらし、「有機農業という営み」そのものにまなざしを向けてみてはどうだろうか。

有機農業は、自然環境や生物多様性、土壌など地域資源と地域環境の保全に大きく寄与する。これを

図表８－１　広義の有機農業と狭義の有機農業の関係性

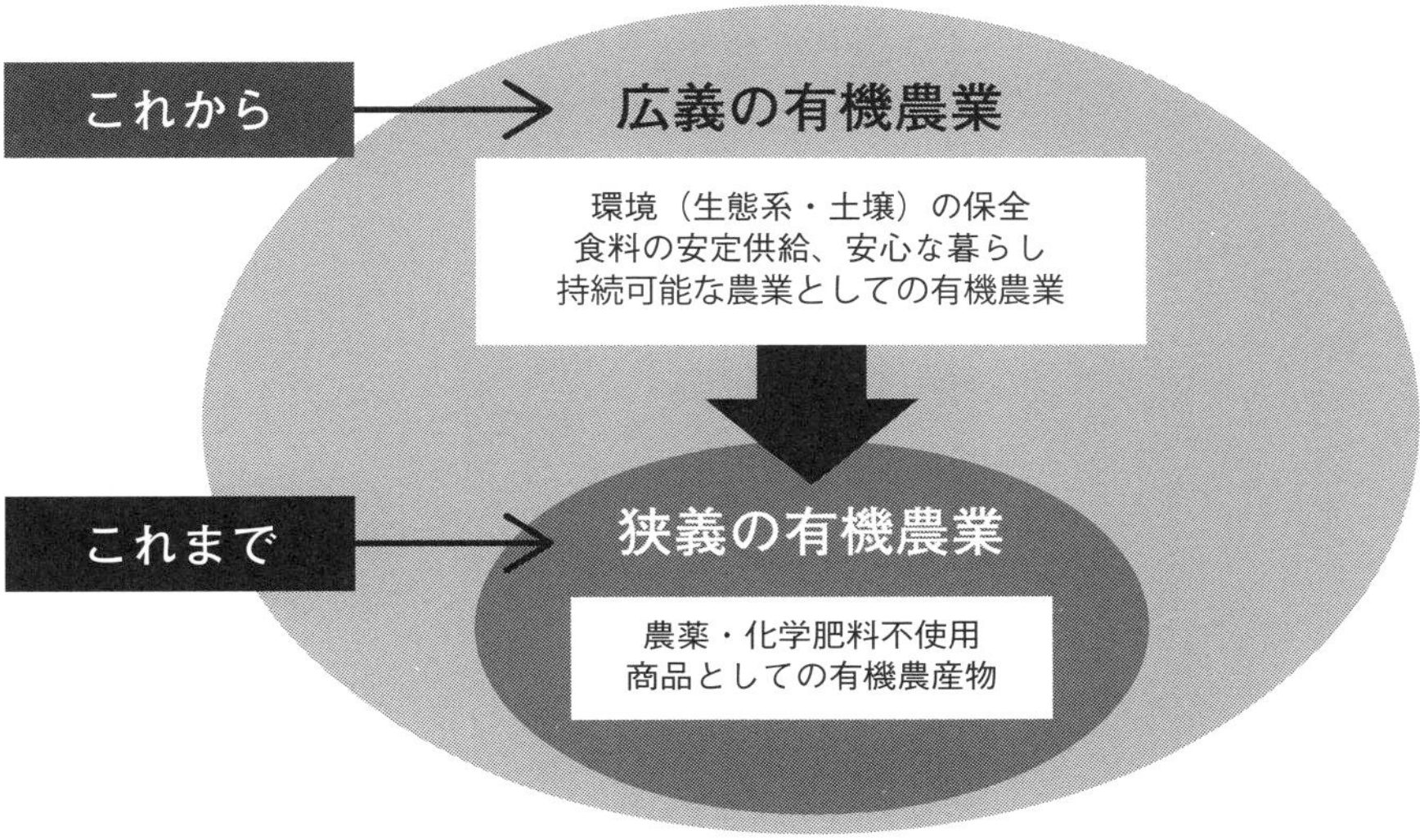

資料：筆者作成

うまく活用すれば、土づくりから管理、収穫まで一連の流れを体験する食農教育、生きもの調査など環境学習の幅を広げることができ、子どもたちに多彩な学びが提供できる。これに農業体験を加えれば、その充実化と生産者とのコミュニケーションを生み出し、教育効果はさらに大きくなる。持続可能な農業を地域に広げていく結果として、学校給食への有機農産物の供給につながれば、慣行農家からの理解も得やすいだろう。

図表８－１は、「広義の有機農業」と「狭義の有機農業」の関係性である。

農薬と化学肥料を使用しない商品としての有機農産物の生産＝狭義の有機農業は、食の安全や健康という個人的なメリットに価値を置くが、持続可能な農業としての有機農業の営み＝広義の有機農業は、誰もが享受できる公共的・社会的なメリットに価値を置く。狭義の有機農業は、あくまで広義の有機農業の結果でしかない。

「持続可能性」をキーワードに

重視すべきは、広義の有機農業で、その価値を広く共有していくことが求められる。これは、決して新しい有機農業の捉え方ではない。第1章で述べたとおり、有機農業という言葉の意味は、自然共生にもとづく持続可能な農業の追求である。こうした捉え方は、これからの社会に有機農業が必要な根拠を与える。言い換えれば、「持続可能性」をキーワードに、有機農業側から積極的に社会にアプローチができる環境が整ったと言える。

国際的にも生態系と調和した農と食のあり方であるアグロエコロジーが推奨されており、有機農業は生態系に沿う持続可能な農業として実効的な取り組みとされている。

生命を育む食は、人間にとって暮らしの根幹に位置付く営みである。生態系を維持し、自然環境を守り育む農の営みは、持続可能な食卓を実現し、人びとに安心な暮らしを提供する。「循環」「多様性」「自然共生」という有機農業が大切にしてきた視点は、公共的・社会的価値との親和性が極めて高い。

転換参入を促し、仲間にする「寛容さ」

有機農業の拡大を目指す「みどりの食料システム戦略」では、その担い手像がしっかりと描かれていない。第5章で見てきた有機農業に取り組む独立就農者の広がりは、徐々に形成されているものの、その存在はまだまだ小さい。有機農業の担い手を大幅に増やしていくことを考えると、今以上に慣行農業からの転換参入を進めていく必要がある。

段階的な転換参入と学び合う場

農林水産省のアンケート調査によると、主に慣行栽培に取り組む農業者の約6割は、「有機栽培や特別栽培等へ取り組みたい」という意向を持っているという[1]。慣行農家からの有機農業への関心の高さをどのように受け止めることができるだろうか。

一つは、有機農業への「段階的な転換参入」を促していくことである。第5章で取り上げたさんぶ野菜ネットワークは、農協内に無農薬有機部会を立ち上げた際、所属する各農家が10ａから取り組みやすい作目を栽培し、徐々に有機農業の面積を広げていった。

圃場の全面転換を指すことが多い転換参入だが、そうなると有機農業への壁が高くなり、慣行農家は躊躇してしまう。転換参入は、経営に支障が出ない無理のない範囲で始め、その積み重ねを広げていくことが現実的ではないだろうか。これは、小さな成功体験の積み重ねでもあり、この自信が農家のモチベーションにつながる。こうした経験が継続的な有機農業の取り組みを可能にするだろう。

もう一つは、みんなで技術を共有し、「学び合う場」をつくることである。第6章で取り上げた埼玉県小川町下里一区では、農地・水・環境保全向上対策をきっかけに専門家を招いた研修会を開催した。第7章で取り上げた長野県松川町では、農家が借りた遊休農地を実証圃場とし、外部の研究機関と連携しながら研修会を実施した。小川町下里一区、松川町ともにみんなで学び合う場をつくり、地域の風土に合った有機農業技術の定着を図ったのである。

これら三つの事例に共通する特徴は、「個」の取り組みではなく、同じ問題意識を持った農家同士が組織的に「面」として転換参入を進めていることである。転換参入という同質的な経験を共有し、学び合う仲間は日頃から情報交換や相談相手としてもサポート源になる。こうした仲間づくりと横のつながりは、地域に有機農業を広げていく大切な条件である。

トップダウンとボトムアップの共鳴

転換参入を言い換えると、有機農業に向かうプロセスである。有機農業の取り組みが始まった頃、転換参入を支えたのは消費者の力であった。ただし、現在はそのような消費者による献身的なサポート、

図表８－２　有機農業、環境保全型農業の広がり方

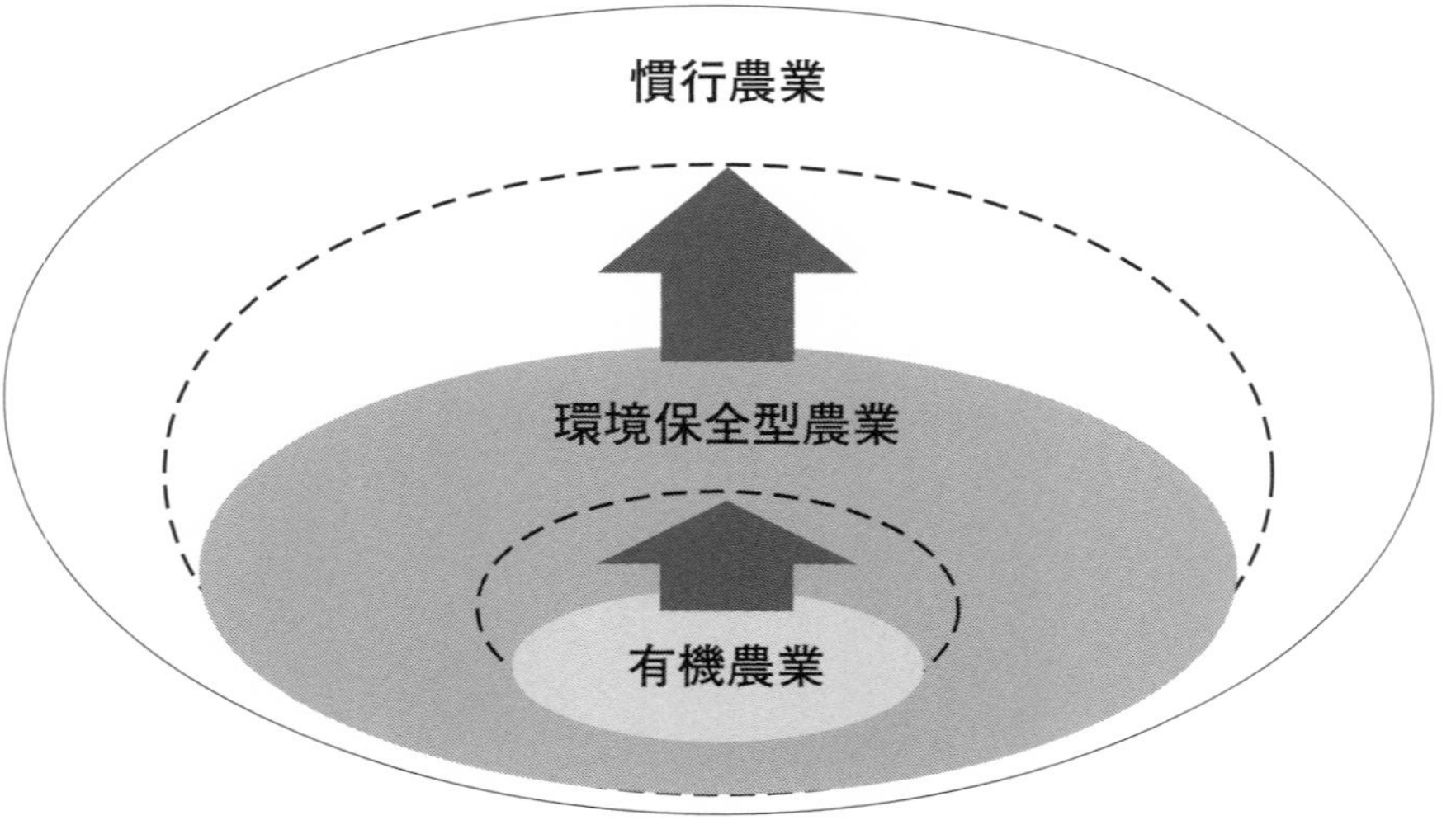

資料：筆者作成
注：有機農業には成熟期有機農業として自然農法、自然農、不耕起移植栽培、自然栽培、環境再生型農業、保全農業などを包括的に含む

積極的なアプローチは期待できない。そのため、地域の生産者同士で転換参入を進め、支え合っていくことがポイントになる。

図表８－２は、有機農業、環境保全型農業の広がり方である。持続可能な農業としての有機農業を目標としながら、環境保全型農業の面的な広がりの中から、有機農業に向かう動きが徐々につくり出され、底上げされていくような展開イメージである。

「有機農業の推進」という言葉からは、国、自治体からの指示で有機農業を広げていくトップダウンによる取り組みを連想させる。ただし、有機農業の推進が強調されると、「農業はこうあるべきだ」という枠組みに押し込められ、圧力が無意識のうちに働いてしまう。そして、そこからはみ出る農業は排除の対象となり、いつしか対立関係が生まれることになる。もちろん、国、自治体が有機農業を推進することは歓迎すべきだが、実際の広がりは生産者、消費者、関係者みんなでつくっていくものである。「トップダウン」と「ボトムアップ」の共鳴こそ必

要ではないだろうか。

有機農業の推進には、単に農薬と化学肥料を使用しない農業を広げるという狭い意味ではなく、「どのようにすれば有機農業技術に到達できるのか」、「そのような技術が定着する社会条件はどのようなものなのか」という広い観点から転換参入のプロセスを共有し、地域の中で合意形成を図っていくことが重要である。

誰もが有機農業の取り組みに参加できるように間口を広げ、お互いに寄り添う「寛容さ」が仲間づくりを進めていく原動力になるだろう。

有機農業を軸にしたローカル・フードシステムの構築

市場の拡大と有機農業のローカル化

有機農業の実践は、農薬と化学肥料を使用しないという個別技術の問題解決ではなく、農業の近代化やグローバル化が進むなか、流通規模の大小にかかわらず、安全で健康な農産物を消費者に届け、持続可能な食と農のつながりを再構築してきた。

有機農業の拡大は、有機農産物の消費拡大を同時に進めなければ実現しない。今後の展開として、「オーガニック市場の拡大」と「有機農業のローカル化」という二つの方向性が考えられる。この点は、第4章で整理した有機農業経営の志向性を見ても理解できるだろう。

有機農産物は、もちろん市場流通もあるが、市場外流通にもとづいて広がりを見せている点に大きな特徴がある。オーガニック市場の拡大は「ビジネス志向型」の生産者が、有機農業のローカル化は「コミュニティ志向型」の生産者が中心を担い、その間には様々な有機農産物の流通と消費の形が存在している。

この二つの方向性は、対立するものではなく、共存し合いながら有機農産物の消費を伸ばしていくだろう。オーガニック市場の拡大を支える消費者は、

旬のトマトとナスが人気。客とのやりとりが楽しい

オーガニックファーマーズ朝市村に出品するトマトの有機栽培。茎を支柱に結び付ける

２～３年ごとに撮影するオーガニックファーマーズ朝市村の集合写真

就農７年になり、有機栽培の研修生を受け入れている生産者

食の安全やオーガニックな暮らしなどに関心があり、手頃な価格で手軽に有機農産物を購入したいと考えている。オーガニック市場の拡大は、有機農業の裾野を広げるためにも必要である。

一方で、有機農業のローカル化は、第6章の埼玉県小川町で見たとおり、地域やその周辺で食と農のつながりをつくり出し、有機農業を身近な存在にする。生産者が消費者に対面で販売するファーマーズマーケットやマルシェにも期待したい。

食と農の関係性をデザイン

例えば、オーガニックファーマーズ朝市村（愛知県名古屋市）は、有機農業で独立就農した生産者が農産物や加工品を販売する「有機農産物専門」のファーマーズマーケットである。オーガニックファーマーズ名古屋（吉野隆子代表）の運営で「オーガニックを日常の食卓に」というコンセプトのもと、市の中心部・栄にある都市型公園「オアシス21」で２００４年10月から始まり、２００９年５

図表８－３　ローカル・フードシステムの意義

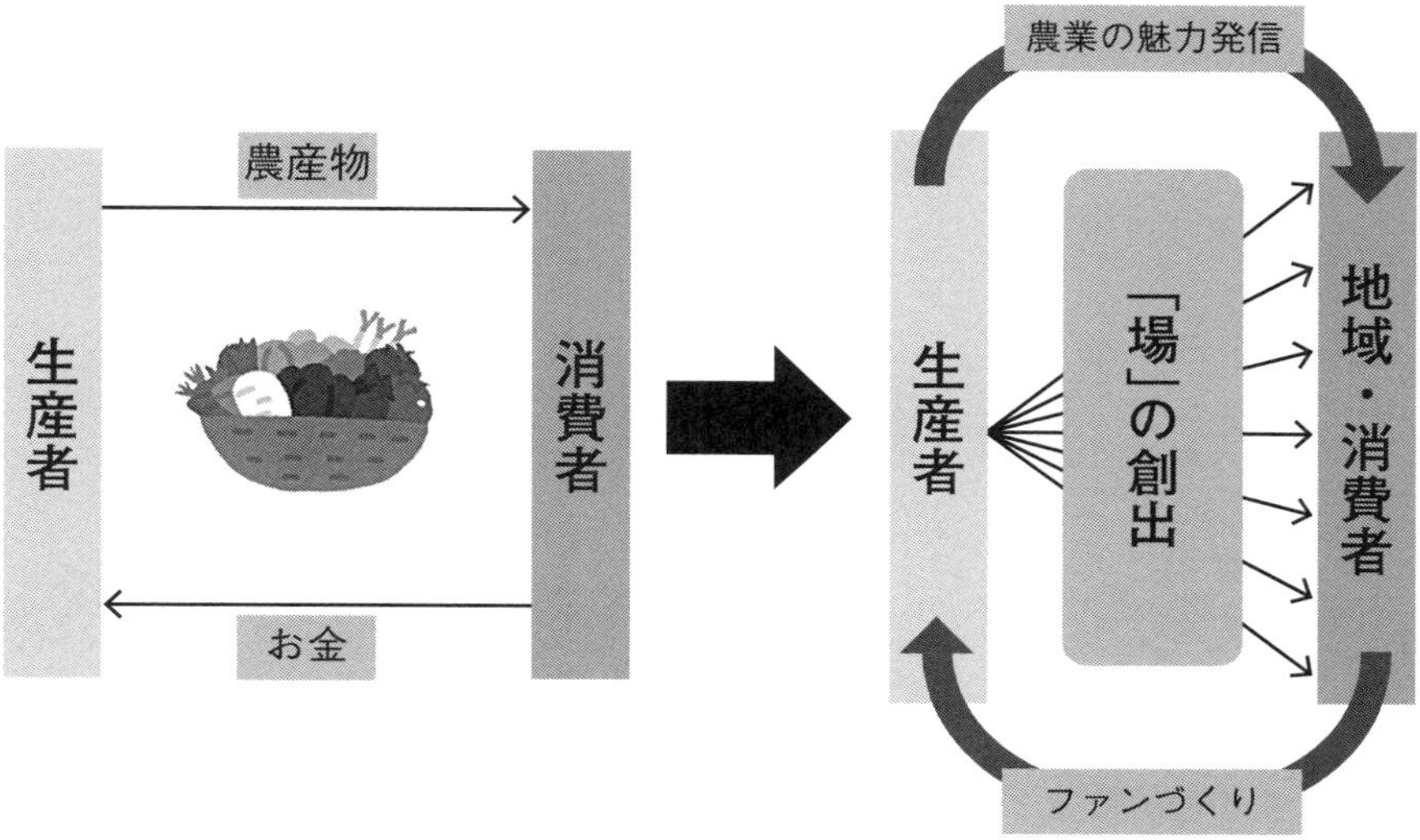

資料：筆者作成

月からは毎週土曜日（８：30～11：30）に開催している。

野菜は有機栽培のみで、事務局と出店する他の生産者が栽培状況などを確認している。米は除草剤１回、果樹は低農薬まで許容し、その場合は使用状況を表示する。生産者と会話しながら栽培方法を確認し、有機農業への思いなどを聞けるのもファーマーズマーケットの魅力である。出店者の範囲は、愛知県を中心に隣接する岐阜県、三重県、長野県、静岡県まで含み、地産地消と旬産旬消にこだわっている。

さらに、第４章で取り上げた「農」への回帰のように、有機農産物そのものへの関心もあるが、それを生み出す有機農業や地域環境にもまなざしを向け、かかわろうとする消費者の姿も見られる。消費者が自発的に生産者と協働するＣＳＡへの関心の高まりは、その象徴と言える。

図表８－３は、ローカル・フードシステムの意義である。ローカル・フードシステムは、消費者との

顔と顔が見える直接販売を基本に、食と農のコミュニケーションを促し、多様な人と人とのつながりをつくる「場」の創出という共通点が見られる。

これからは、物理的な距離を縮めるだけではなく、食と農の関係性をデザインし、幅広い層の消費者、地域にアプローチを行うことでファンを獲得するつながりが必要ではないだろうか。それは結果として、人間的な距離を縮め、農業や生産者への共感を生むに違いない。

有機農業の公共的・社会的価値の発揮は、多様な主体の参加を伴いながら、地域における食と農の結節点になる。オーガニックビレッジ事業における有機農業を軸にしたローカル・フードシステムの構築は、有機農業のローカル化という可能性を具体的に実現する一つの手段になるだろう。

有機農業の「支え手」を増やし、地域づくりへ

地域から支持される取り組みに

農村であっても、都市であっても、非農家が大半を占めている。有機農業も、慣行農家だけではなく、非農家の住民も巻き込んだ地域へのアプローチと地域からの支持を得るような取り組みでなければならない。つまり、有機農業が公共的・社会的価値を発揮することで、「ここに有機農業があってよかったね」と日常生活で地元住民が実感し、安心して暮らし続けることができる環境を提供できるかどうかである。有機農業を軸にしたローカル・フードシステムの構築は、その一つの取り組みと言える。

ただし、有機農業の推進は、単に生産量（生産者）と消費量（消費者）を増やせばいいということではない。この点は、生産性の向上を重視するみどりの食料システム戦略が抱える大きな欠点である。消費量を増やすことはもちろん大事だが、地域の中で有機農業の「支え手」を増やすことがより重要ではないだろうか。

図表８－４　有機農業と地域の関係性

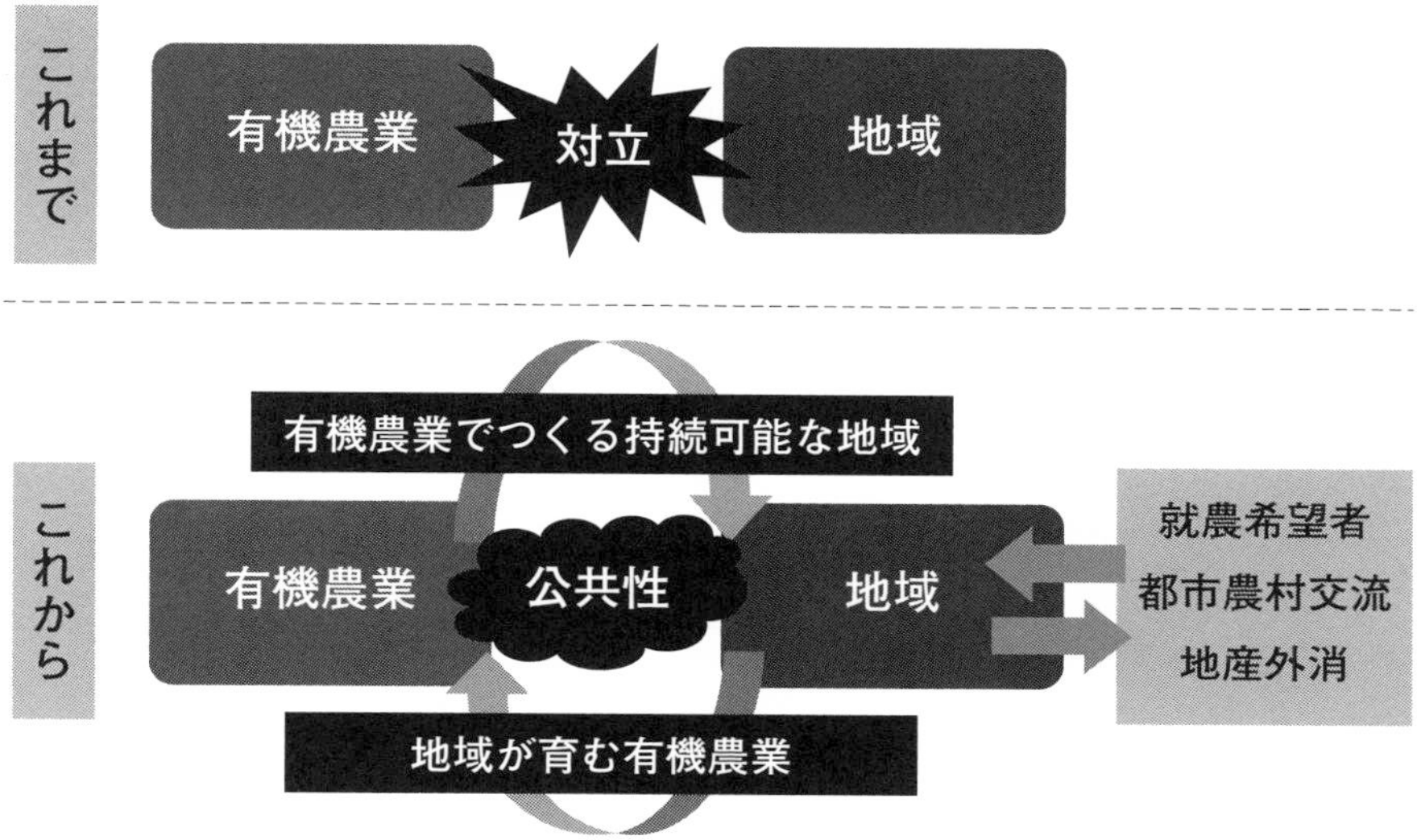

資料：筆者作成

図表８－４は、これからの有機農業と地域の関係性を示した概念図である。第６章で見てきたとおり、これまでは慣行農家や行政、農協との対立から地域との関係性は決して良好ではなかった。有機農業を支える消費者も地元ではなく、理解ある都市部の消費者グループとの提携のように、二者的な関係性の中で展開していた。

地域に有機農業を広げていく場合、生産者と消費者によるこの閉じた空間を地域に開いていくプロセスが必要になる。つまり、地元の消費者に有機農産物を届け、同時に有機農業が発揮する公共的・社会的な価値を生産者と消費者という枠組みにとらわれない地域を構成する多様な主体との第三者的な関係性の中で共有することである。

この支え手は、行政や農協、ＮＰＯ、企業などで、ともに地域づくり、まちづくりの担い手でもある。有機農家と慣行農家、地元住民の橋渡し役となる行政や農協の役割は極めて大きい。

また、有機農業の広がりによる地域の魅力向上は、就農希望者からの関心、都市農村交流、地産外消のような農産物販売など地域外ともつながっていく可能性がある。

内発的な力にもとづく地域づくり

このような「有機農業が地域を支え、地域が有機農業を支え、育てる」という良好的な関係性の構築が地域に有機農業を広げていく土台になるのではないだろうか。そして、こうした経験の積み重ねが「有機農業を広げる」から「有機農業が広がる」という「内発的な力」の形成にもとづく「ボトムアップ型の地域づくり」に展開していくだろう。

以前、地域協同組合無茶々園の担当者にインタビューした際の「モノを動かすだけでは、地域は動かない」という言葉が印象に残っている。(2) この点は、無茶々園が生産の拡大という縦軸への展開とともに、地域づくりの手段として有機農業を捉え、多様な地元住民を巻き込んだ横軸への展開を可能にしていることからもわかる。

ここで求められるのが「有機的感性」「オーガニックな感性」である。

これは、出版社コモンズの編集者でありながら、ジャーナリストとして有機農業の現場を丹念に取材した大江正章（1957-2020年）が残した言葉である。(3) 有機的感性とは、他者を排除せず、良いつながりをつくる有機的関係性を指し、有機農業がまちづくりに展開していく上で重要な示唆を与えてくれる。

大江は、有機農業と学校給食・田園回帰、都市と農山村、消費者と農、多様な農と農業、地元住民と移住者・関係人口などを有機的につないでいくことを示したが、もう少し広く捉えると、無茶々園のような地域福祉などへの展開も有機農業的感性の発揮と言えるのではないだろうか。

第3章で見たとおり、有機農業運動は単に有機農業を普及・拡大する取り組みではなく、有機農業をつうじて、生命重視の社会、有機農業が可能な社会の構築を目指している。そのため、有機農家や提携消費者は食と農のつながりだけではなく、様々な社会問題にも関心を向けて行動を起こしていた。つまり、有機農業的感性を生かし、分野横断的なつながりをつくり、持続可能な社会に向けて取り組みを進めていたのである。

有機農業と親和性のある「自給圏」を提唱

経済評論家の内橋克人（1932－2021年）は、新自由主義的なグローバル資本主義への対抗軸として「FEC自給圏」[4]を提唱した。Fは Food ＝食、Eは Energy ＝エネルギー、Cは Care ＝医療・介護・福祉で、持続可能なフードシステムの構築、再生可能エネルギーの普及、地域福祉の展開と言い換えることができる。再生可能エネルギーの普及や地域福祉の展開も、有機農業運動の理念と親和性がある。

筆者は、これに Education ＝教育を加えた「FEEC自給圏」を提案したい。例えば、有機農産物の消費拡大、支え手の増加を考える場合、農の営みの本質、有機農業への理解が伴わなければ進まないからである。ここでいう教育は、既存の近代農学にもとづく専門教育、農業大学校や民間の教育機関による農業者（農業経営者）教育ではない。

農の現場と食卓をつなぎ、農を体験する食農教育、「なぜ農の営みが人間の暮らしに必要なのか」「なぜ社会にとって有機農業が必要なのか」という問いと向き合いながら、現場でも実践する教養教育、自給的・循環型の暮らしを学ぶ菜園教育[5]であろう。

例えば、恵泉女学園大学（東京都多摩市）は、園芸と平和を教育の柱に位置付けている。1年次の必修科目として「生活園芸」を設置し、全て有機栽培で行っている[6]。座学でも「有機農業とアグロエコロジー」などの講義があり、生活園芸の社会的意義を学ぶ機会になっている。

これらの取り組みは、「生きる力」を確かめ、人間的な成長・成熟を実現するため、人間教育の側面が強い。再生可能エネルギーの普及や地域福祉の展開にとっても、同様の教育が必要であろう。

有機農業の「体験」とエシカル消費

重要な「体験」の場づくり

最後に、教育においてもそうだが、有機農業への理解を促し、消費者と支え手を育てる「体験」という場づくりの重要性である。これは、有機農業のローカル化にとっても大切な取り組みになる。

農林水産省のアンケート調査によると、有機やオーガニックという「言葉を知らなかった」が10・7%、「言葉は知っていたが表示に関する規制があるとは知らなかった」が52・9%で、有機JAS認証制度に関しては半数以上が知らず、「正確に知っていた」のはわずか3・9%しかいなかった(7)。

この調査は、有機JAS認証制度が対象だが、第1章と第2章でも見てきた有機農業という言葉の意味や有機農業の歴史については、一般消費者にほとんど知られていないのが現状である。有機農産物は安全・安心という「イメージとしての有機農業」が独り歩きしている状況ではないだろうか。実際に、有機農産物を購入している消費者であっても、かつての提携消費者とは違い、生産者とコミュニケーションを取り、援農などで有機農業を体験したことがある人はほぼいないだろう。

筆者は、神奈川県横浜市泉区で生活クラブ神奈川が運営する生活クラブ・みんなの農園を利用している(8)。みんなの農園は、生産者が指導する栽培収穫体験ファームで、体験農園では珍しい有機栽培に挑戦している。

より不安定な環境のもとで行う有機栽培は、収量の確保を目的とする農業体験農園などでは不向きとされるが、この不安定さにこそ、楽しさと学びがある。この楽しさと学びの中には、当然のことながら苦労や収穫がうまくいかなかった悔しさと悲しみも含まれる。

みんなの農園でジャガイモを収穫する著者の長女

収穫したばかりの新鮮有機野菜

このような体験をつうじた「身体性の共有」は、農の営みを理解するための第一歩、有機農業を体験することがイメージとしてではなく、「実体としての有機農業」を理解するための第一歩だと一耕す市民として実感している。

生産地と消費地の近接性

そして、こうした体験が「エシカル消費」をさらに広げていく。エシカルとは、倫理的という意味で、「環境」「人・社会」「地域」にやさしい消費を指す。近年、食と農でも注目されるキーワードで、

有機農産物やオーガニック商品は、エシカル消費の代表格と言える。

広義の有機農業で示したとおり、エシカル消費が単に健康や食の安全にとどまらず、自然環境や持続可能な農業を支えるというつながり、共感を生み出す食から農へのアプローチになることを期待している。有機農業を支えることは、私たちの暮らし、農業、地域、社会の未来をつくる選択なのである。

その際、生産地と消費地の混在＝近接性が日本における食と農のつながりをつくり出している点を意識したい。みなさんの身近にも、有機農業の営みが必ず存在しているだろう。ぜひ「地元の有機農業」にも目を向けてみてはどうだろうか。生産者と消費者の小さな結びつきがいくつも生まれ、やがてCSAのように食と農の支え合いに発展し、広がることをこれからの展望として描きたい。

〈注釈〉

（1）平成27年度農林水産情報交流ネットワーク事業全国調査

「有機農業を含む環境に配慮した農産物に関する意識・意向調査」２０１６年２月（https://www.maff.go.jp/j/finding/mind/pdf/yuuki_27.pdf） 最終閲覧日：２０２３年７月25日

（２）小口広太（２０２２）「有機農業拡大に欠かせない地域の視点」『AFCフォーラム』69（８）、日本政策金融公庫、pp.7-10

（３）大江正章（２０２０）『有機農業のチカラ：コロナ時代を生きる知恵』コモンズ、p.26

（４）内橋克人（２０１１）『共生経済が始まる：人間復興の社会を求めて』朝日新聞出版、pp.163-164

（５）例えば、エディブル・スクールヤード（ESY）がある。食べられる校庭と訳され、作物を育て、調理し、食べるという体験をとおして、人間的な成長を促す「エディブル・エデュケーション」を学校で実践する。東京都多摩市立愛和小学校が日本のモデル校になっている。

（６）澤登早苗（２００５）『教育農場の四季：人を育てる有機園芸』コモンズ。なお、恵泉女学園大学は、２０２４年度以降の学生募集を停止することになったが、長年積み重ねてきた有機園芸、有機農業教育、教育農場での実践が別の形で展開していくことを期待したい。

（７）農林水産省「有機食品の市場規模及び有機農業取組面積の推計手法検討プロジェクト」２０２３年５月（https://www.maff.go.jp/j/seisan/kankyo/yuuki/attach/pdf/chosa-11.pdf） 最終閲覧日：２０２３年７月25日

（８）小口広太（２０２１）『日本の食と農の未来：「持続可能な食卓」を考える』光文社新書、pp.214-217

あとがき

筆者と有機農業の出会いは、大学の恩師である勝俣誠さん（現・明治学院大学国際平和研究所研究員、名誉教授）と第6章で紹介した霜里農場（埼玉県小川町）を訪ねたときである。農家出身で、ブドウやレタスの産地で育った筆者にとって、少量多品目の野菜を栽培し、牛や鶏もいる農場の風景に圧倒され、その際、金子美登さんが「こんなにも豊かな食卓、他にないでしょう」とニコニコしながら話している姿を今でも鮮明に覚えている。

これをきっかけに「有機農業ってどんな農業なんだろう」と関心を持ち、小川町でフィールドワークを行うようになった。2007年3月から1年間は、霜里農場の研修生となり、住み込みで現場を経験することができた。

研修を終えた2008年3月、金子友子さんから青春18きっぷを2枚渡され、北海道へと向かった。酪農学園大学で開催された「農を変えたい！全国運動」の第3回全国集会への参加を兼ね、3週間ほどかけて北海道を横断した。そのうち2週間は、第3章で紹介した興農ファームの本田廣一さんのもとでお世話になり、研修を行った。桁違いの規模の畜産経営についても学び、毎晩お酒を飲みながらお話を伺った。

その後、大江正章さん（出版社コモンズ、ジャーナリスト）をつうじて明峯哲夫さんと出会った。明峯さんは、2011年2月にNPO法人有機農業技術会議の研究部会として「有機農業技術原論研究会」、翌3月には東日本大震災と福島第一原発事故を受けて「それでも種を播こうの会」を発足させた。筆者はこれらの事務局を担い、交流が始まった。耕す市民に関心を持ったのは、明峯さんからの教えが大きい。

このように振り返ると、金子さんからは有機農業という豊かさ、本田さんからは大規模有畜複合型経営の可能性、明峯さんからは農的暮らしの素晴らしさを教えていただいた。3名ともお亡くなりになり、有機農業運動の経験をどのように継承していけるのかという問題意識も本書に込めている。

本書で取り上げた事例は、現地調査、インタビュー調査、研修および学生とのフィールドワークを受け入れていただいた取り組みである。実施日など詳しく書いていないが、貴重な時間を共有できたことに感謝したい。また、引用・参考文献などは、本文の他に章ごとに章末の〈注釈〉に掲載しており、著者をはじめとする記述各位、写真・取材協力先の方々にも併せて厚くお礼を申し述べる。さらにこの場を借り、行政や周囲の後押しもなく困難な状況のなかで有機農業を培い、牽引し、今日に引き継いでくれた多くの先駆的な実践者、関係者のみなさんにも敬意と謝意を表したい。

本書は、『日本の食と農の未来：「持続可能な食卓」を考える』（光文社新書）を読んだ創森社の相場博也さんに声をかけていただき、出版が決まった。筆者と相場さんをつないでくれたのが、岸康彦さん（農政ジャーナリスト。日本経済新聞論説委員、愛媛大学教授などを歴任）である。岸さんの『食と農の戦後史』（日本経済新聞出版、１９９６年）は、筆者が研究者を志すきっかけになった本の一つである。霜里農場での研修中、番組撮影で金子さんと対談した岸さんを駅まで送り、名刺を渡したのが初めての出会いであった（この対談は岸康彦編『農に人あり志あり』（創森社、２００９年）に収録されている）。その後、金子さんの推薦で、日本農業経営大学校の教員となり、初代校長に就任した岸さんと一緒に仕事をすることになった。様々な縁で本書が生まれたと感じている。

なお、脱稿までの間、相場さんからは貴重なコメントをいくつもいただいた。これまでの編集経験から有機農業に関する様々な事例、実情を知っており、いくつも教えられ、本書の内容にも反映することができた。出版予定を大幅に過ぎてしまったが、相場さんの励ましがなければ完成には至らなかった。編集関係の方々の丁寧な作業も含め、感謝しかない。

最後に、最愛の家族に心から感謝を込めて本書を捧げる。『日本の食と農の未来』を刊行して2年が経過したが、様々な反響があり、講演や原稿依頼なども増え、いつも以上に仕事と活動に追われる日々を送っている。この忙しい日々を支えてくれているのが妻・麻紀、長女・実莉、次女・葉奈である。そして、長野県塩尻市からいつも応援してくれる実家の両親にも感謝したい。近い将来、塩尻市にUターンし、農と地域に根ざした暮らしを送ることを夢見ている。

有機農業は、土の健康、人の健康、社会の健康をつなぎ、「ウェルビーイング（well-being）」の実現に大きく貢献する。本書が生命（いのち）を育み、平和な社会をつくる一助となれば幸いである。

著者

一般社団法人次代の農と食をつくる会　https://www.jidainokai.com/
一般社団法人日本 SDGs 農業協会　https://jsaa.bio/
オーガニック給食マップ　https://organic-lunch-map.studio.site/
CSA 研究会　http://csa-net.sakura.ne.jp/wp/

日本自然農業協会　http://shizennogyoweb.sakura.ne.jp/wp/
NPO 法人民間稲作研究所　https://www.inasaku.org/
日本不耕起栽培普及会　https://www.no-tillfarming.jp/
NPO 法人パーマカルチャー・センター・ジャパン　https://pccj.jp/
公益財団法人自然農法国際研究開発センター　https://www.infrc.or.jp/
一般社団法人 MOA 自然農法文化事業団　https://moaagri.or.jp/
NPO 法人秀明自然農法ネットワーク　https://www.snn.or.jp/

農業をはじめる.JP 全国新規就農相談センター　https://www.be-farmer.jp/iju info
　https://web-iju.info/
認定 NPO 法人ふるさと回帰支援センター　https://www.furusato-web.jp/

アグリイノベーション大学校　https://agri-innovation.jp/
AFJ 日本農業経営大学校　https://jaiam.afj.or.jp/
公益社団法人全国愛農会　http://ainou.or.jp/main/
学校法人アジア学院　https://ari.ac.jp/
丹波市立農（みのり）の学校　https://agri-innovation.jp/minori/
埼玉県農業大学校短期農業学科有機農業専攻
　https://www.pref.saitama.lg.jp/b0921/shoukai/senkousyoukai.html
島根県立農林大学校有機農業専攻　https://www.pref.shimane.lg.jp/norindaigakko/
八ヶ岳中央農業実践大学校　https://yatsunou.jp/index.html
福島大学大学院食農科学研究科［専門高度化］アグロエコロジープログラム
　https://www.fukushima-u.ac.jp/graduate-schools/Food/index.html

このほかにも全国各地に有機農業の研究、実践、普及に
取り組む組織が多数あります

◆有機農業インフォメーション（本書内容関連）

＊2023年8月現在

NPO法人日本有機農業研究会　https://www.1971joaa.org/

日本有機農業研究会は、1971年に結成された（2001年にNPO法人化）。セミナーやシンポジウム、見学会の開催、機関誌『土と健康』、書籍やDVDの発行など会員間の相互交流と有機農業運動の普及啓発に取り組んでいる。『全国有機農業者マップ』は、就農希望者にとって貴重な情報源となっていた。種苗の自給を目指し、会員が自家採種した種子を持ち寄って交換する「種苗交換会」などにも長年取り組んでいる。

〒162-0812　東京都新宿区西五軒町4-10 植木ビル502

TEL 03-6265-0148　FAX 03-6265-0149

NPO法人全国有機農業推進協議会　https://zenyukyo.or.jp/

全国有機農業推進協議会は、有機農業推進法の実現を目指して設立された。有機農業の実践や振興に取り組んでいる関連団体で構成され、生産者、消費者、流通関係者、学識者などが幅広く参加し、連携している。有機農業を推進する民間側の全国拠点として、政策提言、普及啓発、生産者と消費者の交流、情報収集などに取り組み、農林水産省とも積極的に意見交換を行っている。

〒107-0052　東京都港区赤坂7-6-43 プラネット赤坂305

TEL 03-6447-5050　FAX 03-6447-5051

NPO法人有機農業参入促進協議会　https://yuki-hajimeru.net/

有機農業参入促進協議会は、2011年に設立された（2014年にNPO法人化）。有機農業による新規参入、慣行農業からの転換参入の促進、有機農業技術の体系化、有機農業の生産・流通・消費に関する調査研究などに取り組んでいる。ホームページでは、有機農業経営の指標、研修の受け入れ先、有機農業の相談窓口、参入事例など様々な情報を無料で公開し、発信している。

〒101-0021　東京都千代田区外神田6-5-12 偕楽ビル（新末広）3階（株）マルタ内

NPO法人有機農業技術会議（理事長：中島紀一）

NPO法人IFOAMジャパン　http://ifoam-japan.org/

日本有機農業学会　https://www.yuki-gakkai.com/

一般社団法人日本有機農産物協会　https://j-organic.jp/

た行

な行

は行

さ行

◆さくいん（人名・組織名）

（五十音順。組織の法人格、略）

あ行

か行

少量多品目栽培の有機農業
（埼玉県小川町・霜里農場）

「耕す市民」が育てた有機野菜
（神奈川県横浜市・みんなの農園）

●

デザイン――ビレッジ・ハウス
装画――いとうみゆき
写真・取材協力――日本有機農業研究会　一樂照雄伝刊行会
オーガニックファーマーズ名古屋（愛知県）
JA 秋田しんせい西部営農センター（秋田県）
三芳村生産グループ(千葉県)　無茶々園(愛媛県)
なないろ畑（神奈川県）　やぼ耕作団（東京都）
さんぶ野菜ネットワーク（千葉県）
霜里農場（埼玉県）　松川町（長野県）
日本不耕起栽培普及会　樫山信也
三宅 岳　宇根 豊　小口広太　ほか
校正――吉田 仁

著者――――小口広太（おぐち　こうた）
千葉商科大学人間社会学部准教授。
1983年、長野県塩尻市生まれ。明治学院大学国際学部卒業後、明治大学大学院農学研究科博士後期課程単位取得満期退学、博士（農学）。日本農業経営大学校専任講師等を経て2021年より現職。専門は地域社会学、食と農の社会学。有機農業や都市農業の動向に着目し、フィールドワークに取り組む。日本有機農業学会前事務局長、NPO法人アジア太平洋資料センター（PARC）理事などを務める。
著書に『日本の食と農の未来』（光文社新書）、『生命を紡ぐ農の技術』『有機農業大全』（ともに共同執筆、コモンズ）、『都市農業の変化と援農ボランティアの役割』（共著、筑波書房）、『有機給食スタートブック』（共著、農文協）など。

有機農業《ゆうきのうぎょう》～これまで・これから～

2023年10月５日　第１刷発行

著　　者――小口広太《おぐちこうた》
発 行 者――相場博也
発 行 所――株式会社 創森社
〒162-0805 東京都新宿区矢来町96-4
TEL 03-5228-2270　FAX 03-5228-2410
https://www.soshinsha-pub.com
組　　版――有限会社 天龍社
印刷製本――中央精版印刷株式会社

 ISBN978-4-88340-363-9 C0061